全国职业教育规划教材·机电系列

机 械 识 图

（第二版）

主　编　韩东霞
副主编　马　琳　张　超

北京大学出版社
PEKING UNIVERSITY PRESS

内 容 简 介

本教材是以教育部《新世纪高职高专教育人才培养模式和教学内容体系改革与建设项目计划》为依据编写的。本教材的主要内容有：制图的基本知识和基本技能，正投影的基础知识，组合体的三视图，机件的表达方法，常用机件的表示法，零件图和装配图等。

本教材可作为高职高专院校以读图为目标的各机械及非机械类少学时（60～90）专业师生学习使用，也可作为就业培训用书，还可供其他有关工程技术人员参考。

图书在版编目(CIP)数据

机械识图/韩东霞主编. —2 版. —北京：北京大学出版社,2014.9
（全国职业教育规划教材·机电系列）
ISBN 978-7-301-24639-9

Ⅰ.①机…　Ⅱ.①韩…　Ⅲ.①机械图—识别—高等职业教育—教材　Ⅳ.①TH126.1

中国版本图书馆 CIP 数据核字(2014)第 185260 号

书　　　　名：机械识图(第二版)	
著作责任者：韩东霞　主编	
策 划 编 辑：桂　春	
责 任 编 辑：桂　春	
标 准 书 号：ISBN 978-7-301-24639-9/TH·0401	
出 版 发 行：北京大学出版社	
地　　　　址：北京市海淀区成府路 205 号　100871	
网　　　　址：http://www.pup.cn　新浪官方微博:@北京大学出版社	
电 子 信 箱：zyjy@pup.cn	
电　　　　话：邮购部 62752015　发行部 62750672　编辑部 62765126　出版部 62754962	
印 刷 者：北京富生印刷厂	
经 销 者：新华书店	

787 毫米×1092 毫米　16 开本　16.25 印张　403 千字
2005 年 9 月第 1 版
2014 年 9 月第 2 版　2014 年 9 月第 1 次印刷(总第 7 次印刷)

定　　　　价：35.00 元

第二版前言

本教材是以教育部《新世纪高职高专教育人才培养模式和教学内容体系改革与建设项目计划》为依据编写的。本教材的主要内容有：制图的基本知识和基本技能，正投影的基础知识，组合体的三视图，机件的表达方法，常用机件的表示法，零件图和装配图等。

第二版是在对以识读图样能力为重点的各机械及非机械专业进行充分调研的基础上，以简明实用为宗旨编写的，具有如下特点：

（1）体现素质教育，突出职业能力的培养；

（2）文字叙述简明扼要，安排了有代表性的例题以增强理解，并适当地增加了立体图；

（3）以大量图表的形式表示繁杂的内容，以便于学习及应用；

（4）贯彻了为专业服务，以培养识图能力为目标的编写思路。

为了更好地巩固、复习所学知识，我们还专门编写了"习题集"作为本教材的第二部分。

本书由吉林交通职业技术学院韩东霞主编，马琳和张超任副主编。具体编写分工是：第1、2、3章以及习题集由韩东霞编写，第4、5章由张超编写，第6、7章由马琳编写，附录由张晓苏编写，全书由韩东霞最后定稿。

本教材可作为高职高专院校以读图为目标的各机械及非机械类少学时（60～90）专业师生学习使用，也可作为就业培训用书，还可供其他有关工程技术人员参考。

尽管我们在编写中对教材内容改革做了很多努力，但受水平所限，疏漏之处在所难免，恳请选用本教材的师生和广大读者提出宝贵意见。

编　者

2014 年 7 月

目　　录

第一部分

机 械 识 图

绪　　论

　　根据投影原理、标准或有关规定，表示工程对象，并有必要的技术说明的图，叫做图样。现代化的工业生产，都是根据图样进行设计、制造和维修的。因此，图样是工程技术界的语言。

　　本课程所研究的图样主要是机械图样。用它可以准确地表达机器或零、部件的形状和尺寸，以及制造和检验时所需的技术要求。

　　"机械识图"是研究机械图样的绘制和识读规律与方法的一门专业技术基础课，可为后续专业课的学习打下坚实的识图基础。

　　本课程包括：制图的基本知识和基本技能，正投影基础，机械图样的各种表示方法，零件图和装配图的绘制与识读等。学完后应达到以下基本要求：

　　（1）了解《技术制图》《机械制图》国家标准的基本规定，掌握正确使用绘图仪器绘图的基本技能，并具有绘制简单图形的能力；

　　（2）掌握用正投影法表达空间物体的方法，培养空间想象和思维能力；

　　（3）掌握机械图样的各种表示方法，了解各种技术要求的符号、代号及标记的含义，具备识读中等复杂程度的零件图和装配图的能力。

　　因为本课程是一门既有理论又有较强实践性的专业技术基础课，所以在学习过程中掌握一种有效的方法至关重要。在学习过程中应注意以下事项：

　　（1）严格遵守《技术制图》《机械制图》国家标准。工程图样是国际技术交流的技术语言，在学习过程中要养成严格遵守标准的良好习惯；

　　（2）正投影法是本课程的核心内容，在学习过程中，要养成读画相结合的学习方法，逐渐建立图、物对应的思维方法，提高空间想象和思维能力；

　　（3）本课程的主干内容是机件的各种表示方法及零件图和装配图，这部分内容实践性很强，要使所学知识得到巩固，就要做到学练结合，要认真完成相应的作业与习题，只有通过一定量的积累，才能提高识图能力；

　　（4）本课程教学目标是以识图为主，但是画图是读图的基础，因此学习中还要有一些画图的内容。

第1章 制图的基本知识和基本技能

1.1 国家标准制图的基本规定

国家标准《技术制图》是一项通用性的基础技术标准，国家标准《机械制图》是一项具体性的专业制图标准，它们是图样的绘制与识读的准则和依据。我们必须认真学习和遵守这些规定。

本章只介绍《技术制图》和《机械制图》标准中图纸幅面、比例、字体、图线和尺寸标注的基本规定中的主要内容，其余标准将在后面章节中叙述。

1.1.1 图纸幅面及格式（GB/T 14689—1993）

1. 图纸幅面

为了使图纸幅面统一，便于装订和保管，以及符合缩微复制原件的要求，绘制技术图样时，应按以下规定选用图纸幅面。

（1）应优先采用表1-1规定的图纸基本幅面。基本幅面共有五种，其尺寸关系如图1-1所示。

表1-1 图纸基本幅面尺寸

幅面代号	$B \times L$	e	c	a
A0	841×1189	20	10	25
A1	594×841			
A2	420×594	10	5	
A3	297×420			
A4	210×297			

注：e、c、a 为留边宽度，见图1-2。

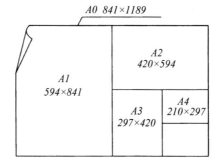

图1-1 基本幅面的尺寸关系

（2）必要时允许选用加长幅面，但其尺寸必须由基本幅面的短边成整数倍增加后得出。

2．图框格式

在图纸上必须用粗实线画出图框，其格式分为留装订边（见图1-2（a））和不留装订边（见图1-2（b））两种，但同一产品的图样只能采用一种格式。

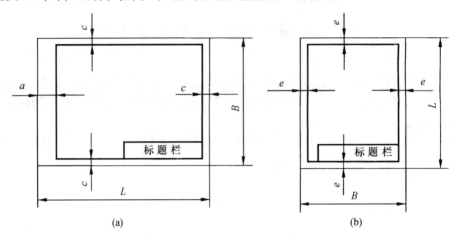

图 1-2　图框格式

3．标题栏

每张图纸都必须画出标题栏，标题栏的位置应位于图纸的右下角（见图1-2）。国家标准对标题栏的格式和尺寸做了统一规定，本书在制图作业中建议采用如图1-3所示的格式。

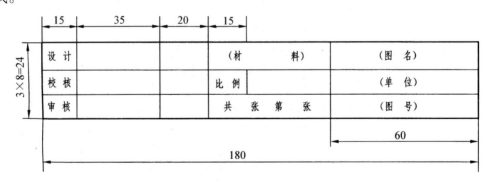

图 1-3　用于制图作业的标题栏格式

图 1-4　附加符号

4．附加符号

为了使图样在复制时定位方便，在各边长的中点处用粗实线分别画出对中符号。当使用预先印制的图纸须改变标题栏的方位时，为了明确绘图与看图时图纸的方向，应在图纸的下边对中符号处画出一个方向符号，见图1-4。

1.1.2　比例（GB/T 14690—1993）

图中图形与其实物相应要素的线性尺寸之比称为比例。比值为 1 的比例称为原值比例；比值大于 1 的比例称为放大比例；比值小于 1 的比例称为缩小比例。

比例符号应以"："表示，比例一般应标注在标题栏的比例栏中，必要时，也可在视图名称的下方标注比例。

为了使图样直接反映实物的大小，绘图时应优先采用原值比例。若机件太大或太小，则可采用缩小或放大的比例绘制。选用比例的原则是有利于图形的清晰表达和图纸幅面的有效利用。不论采用何种比例，图形中所标注的尺寸数值必须是实物的实际大小，与图形的比例无关。绘图时，应从表 1-2 规定的系列中选取适当的比例。

表 1-2　比例

种　类	比　例
原值比例	1：1
缩小比例	1：2（1：3）　　1：5（1：4）　　1：10
放大比例	5：1（4：1）　　2：1（2.5：1）　　10：1

注：括号内的比例为其次选用的比例。

1.1.3　字体（GB/T 14691—1993）

1. 基本要求

（1）在图样中书写的汉字、数值和字母，都必须做到"字体工整、笔画清楚、间隔均匀、排列整齐"。

（2）字体高度（用 h 表示）的公称尺寸系列为：1.8、2.5、3.5、5、7、10、14、20 mm。如需要书写更大的字，其字体高度应按 $\sqrt{2}$ 的比率递增。字体高度代表字体的号数。

（3）汉字应写成长仿宋体字，并应采用国家正式公布推行的简化字。汉字的高度 h 不应小于 3.5 mm，其字宽一般为 $h/\sqrt{2}$。

（4）字母和数字分 A 型和 B 型。A 型字体的笔画宽度（d）为字高（h）的 1/14；B 型字体的笔画宽度（d）为字高（h）的 1/10。在同一图样上，只允许选用一种形式的字体。

（5）字母和数字可写成斜体和直体。斜体字字头向右倾斜，与水平基准线成 75°。

2. 字体示例（见表 1-3）

表 1-3　字体示例

长仿宋体汉字示例	10 号字	字体工整　　笔画清楚 间隔均匀　　排列整齐

（续表）

	7 号字	横平竖直注意起落结构均匀填满方格
	5 号字	技术制图机械电子汽车航空船舶土木建筑矿山井坑港口纺织服装
	3.5 号字	螺纹齿轮端子接线飞行指导驾驶舱位挖填施工引水通风闸阀坝棉麻化纤
拉丁字母 A 型字体	大写斜体	ABCDEFGHIJKLMNOPQRS TUVWXYZ
拉丁字母 A 型字体	小写斜体	abcdefghijklmnopqrstuvwxyz
阿拉伯数字 A 型斜体		0123456789
罗马数字 A 型斜体		I II III IV V VI VII VIII IX X
综合应用示例		$10^3 S^{-1}$ D_1 Td $\phi 20^{+0.010}_{-0.023}$ $7°^{+1°}_{-2°}$ $\frac{3}{5}$ $\sqrt[6.3]{}$ R8 5% $10Js5(\pm 0.003)$ M24-6h $\phi 25\frac{H6}{m5}$ $\frac{II}{2:1}$ $\frac{A向旋转}{5:1}$

1.1.4　图线（GB/T 17450—1998、GB/T 4457.4—2002）

（1）线型及应用。绘图时应采用国家标准规定的图线样式和画法。国家标准《机械制图图线》规定了九种图线，各种图线的形式及应用见表1-4。

表1-4　图线的线型及应用

代码 No.	图线名称	图线样式	图线宽度	一般应用
01.2	粗实线	———	b	可见轮廓线
01.1	细实线	———	$b/2$	尺寸线、尺寸界线、剖面线、重合断面的轮廓线、过渡线
	波浪线	〜〜〜		断裂处的边界线、视图与剖视图分界线
	双折线	∿∿∿		断裂处的边界线、视图与剖视图分界线
02.2	粗虚线	━ ━ ━	b	允许表面处理的表示线
02.1	细虚线	— — —	$b/2$	不可见轮廓线

（续表）

代码 No.	图线名称	图线样式	图线宽度	一般应用
04.2	粗点画线	▬ ▬ ▬ ▬	b	限定范围表示线
04.1	细点画线	——— – ———	$b/2$	轴线、对称中心线
05.1	细双点画线	——— – – ———	$b/2$	相邻辅助零件轮廓线、可动零件的极限位置的轮廓线、轨迹线

（2）图线宽度。机械图样中采用粗细两种图线宽度，它们的比例为 2∶1。图线的宽度应按图样的类型和尺寸大小，在表 1-5 中选取，同一图样中同类图线的宽度应基本一致。

表 1-5　图线宽度与组别

组　别	1	2	3	4	5	一般用途
线宽（mm）	2.0	1.4	1.0	0.7	0.5	粗实线、粗点画线
	1.0	0.7	0.5	0.35	0.25	细实线、波浪线、双折线、虚线、细点画线、双点画线

注：优先采用第 4、5 组。

（3）图线应用示例（见图 1-5）。

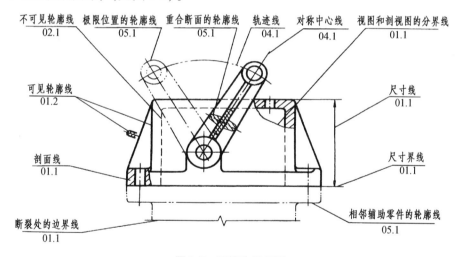

图 1-5　图线应用示例

1.1.5　尺寸注法（GB/T 16675.2—1996、GB/T 4458.4—2003）

尺寸是图样中的重要内容之一，是制造机件的直接依据，也是图样中指令性最强的部分。如何在图样中正确、简便地表达机件的结构尺寸，既是图样绘制的基本内容，也是快速、正确识读图样的关键所在。本部分介绍 GB/T 16675.2—1996《技术制图简化表示法第 2 部分：尺寸注法》和 GB/T 4458.4—2003《机械制图尺寸注法》中关于正确标注尺寸的基本规定。

1. 基本规则

（1）机件的真实大小应以图样上所注的尺寸数值为依据，与图形的大小及绘图的准确度无关。

（2）图样中的尺寸以 mm 为单位时，不须标注计量单位的代号或名称，如采用其他单位，则必须注明相应的计量单位的代号或名称。

（3）机件的每一尺寸，一般只标注一次，并应标注在反映该结构最清晰的图形上。

（4）图样中所标注的尺寸为该图样所示机件的最后完工尺寸，否则应另加说明。

2. 标注尺寸的要素

一个完整的尺寸由尺寸数字、尺寸线和尺寸界线三要素组成。

（1）尺寸数字见表 1-6。

表 1-6　尺寸数字

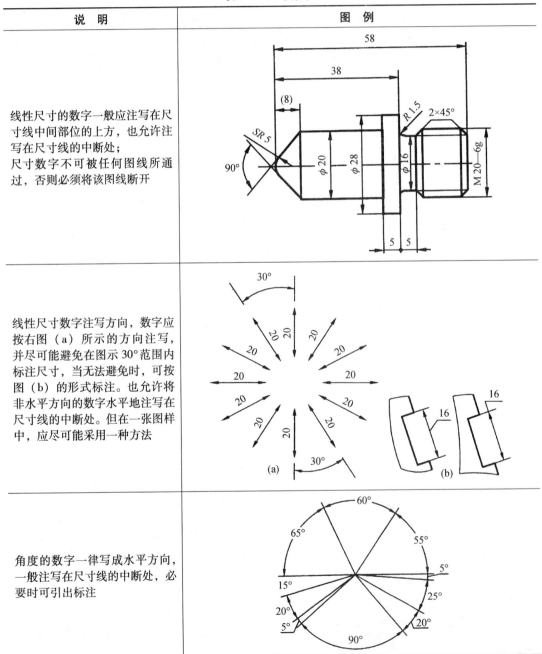

说　明	图　例
线性尺寸的数字一般应注写在尺寸线中间部位的上方，也允许注写在尺寸线的中断处；尺寸数字不可被任何图线所通过，否则必须将该图线断开	
线性尺寸数字注写方向，数字应按右图（a）所示的方向注写，并尽可能避免在图示 30°范围内标注尺寸，当无法避免时，可按图（b）的形式标注。也允许将非水平方向的数字水平地注写在尺寸线的中断处。但在一张图样中，应尽可能采用一种方法	
角度的数字一律写成水平方向，一般注写在尺寸线的中断处，必要时可引出标注	

（2）尺寸线见表 1-7。

表 1-7　尺寸线

说　明	图　例
尺寸线用细实线绘制，其终端可以有下面两种形式 箭头：箭头的形式如右图（a）所示，（多为机械图样采用） 斜线：斜线用细实线绘制，其方向和画法如右图（b）所示 同一张图上只能采用一种终端形式，且大小应一致	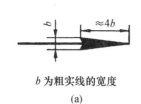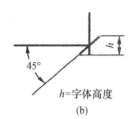 b 为粗实线的宽度　　　　　h＝字体高度 （a）　　　　　　　　　（b）
标注线性尺寸时，尺寸线必须与所标注的线段平行。尺寸线不能用其他图线代替，一般也不得与其他图线重合或画在其延长线上。圆的直径和圆弧半径的尺寸线的终端应画成箭头并按图（a）～（c）所示的方法标注。当圆弧的半径过大或在图纸范围内无法标出圆心位置时，可按图（d）的形式标注。如不需要标出圆心位置时，可按图（e）的形式标注。标注角度时，尺寸线应画成圆弧，其圆心是该角的顶点	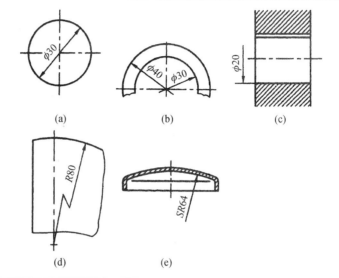
在没有足够的空间画箭头或注写数字时，可按右图的形式标注。当采用箭头时，空间不够的情况下，允许用圆点代替箭头	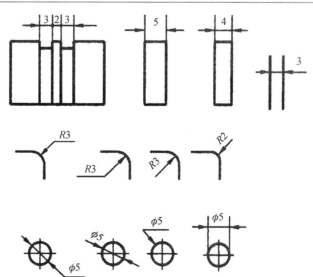

（3）尺寸界线见表1-8。

表1-8　尺寸界线

说　明	图　例
尺寸界线用细实线绘制，应自图形的轮廓线、轴线或对称中心线引出。也可利用轮廓线、轴线或对称中心线作尺寸界线 标注角度的尺寸界线应沿径向引出	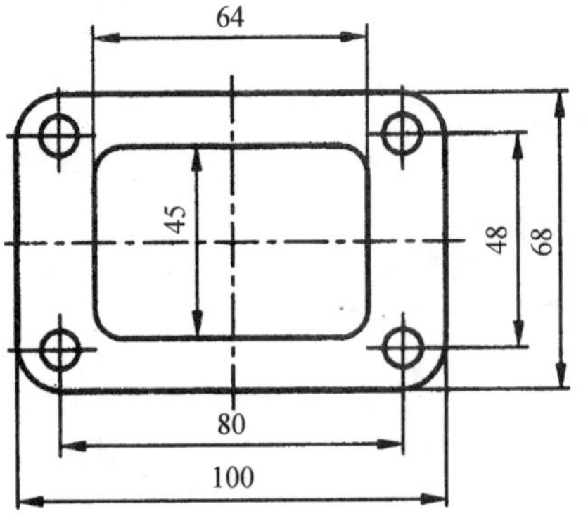
尺寸界线一般应与尺寸线垂直，必要时允许倾斜。在光滑过渡处标注尺寸时，必须用细实线将轮廓线延长，从它们的交点处引出尺寸界线，如右图所示	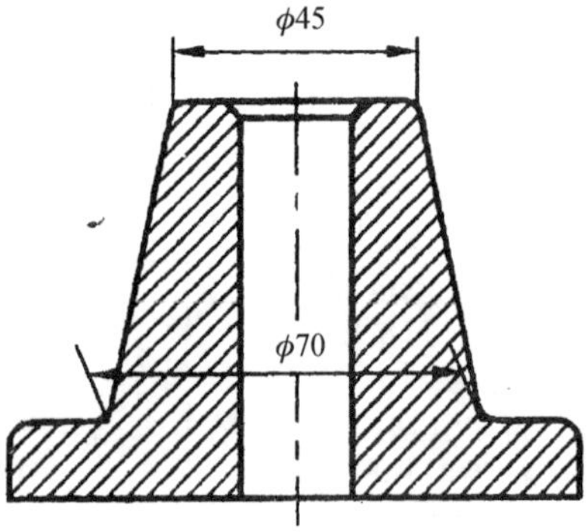 （a） 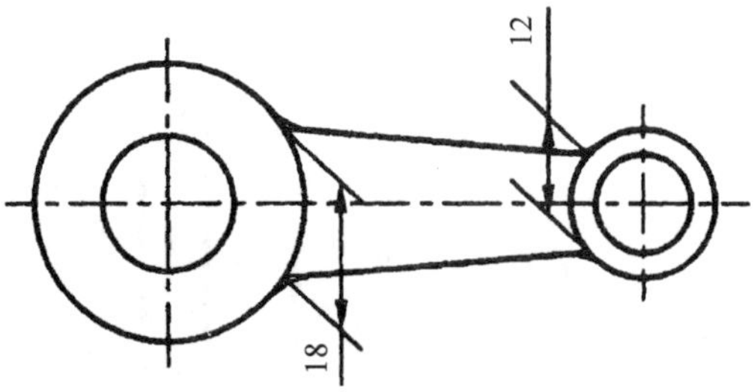 （b）

3. 标注尺寸的符号与缩写词

标注尺寸时，应尽可能使用符号和缩写词。常用的符号和缩写词见表1-9。

表1-9　常用标注尺寸的符号与缩写词

名　称	符号和缩写词	名　称	符号和缩写词	名　称	符号和缩写词
直径	ϕ	厚度	t	沉孔或锪平	⌴
半径	R	正方形	□	埋头孔	V
球直径	$S\phi$	45°倒角	C	弧长	⌒
球半径	SR	深度	▼	均布	EQS

4. 简化注法

表 1-10 中列出了国标规定的一些简化注法。

表 1-10　简化注法

说　明	图　例
（1）带箭头的指引线 标注尺寸时，可采用带箭头的指引线	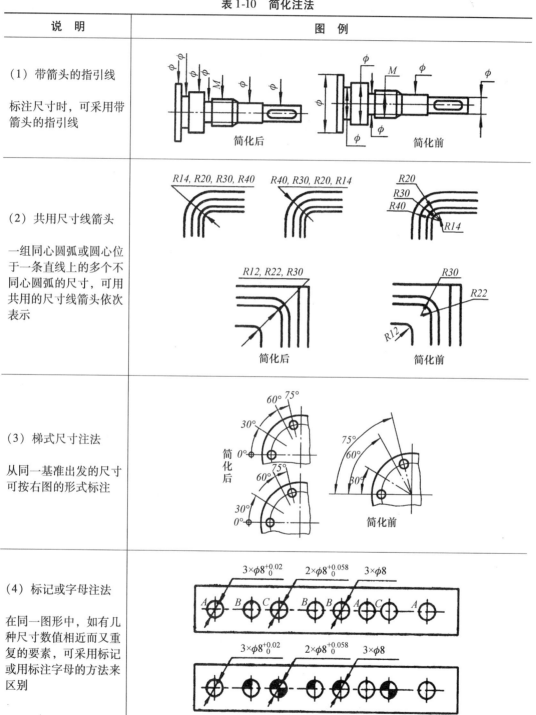
（2）共用尺寸线箭头 一组同心圆弧或圆心位于一条直线上的多个不同心圆弧的尺寸，可用共用的尺寸线箭头依次表示	
（3）梯式尺寸注法 从同一基准出发的尺寸可按右图的形式标注	
（4）标记或字母注法 在同一图形中，如有几种尺寸数值相近而又重复的要素，可采用标记或用标注字母的方法来区别	

（续表）

说　明	图　例
（5）正方形注法 标注正方形结构尺寸时，可在正方形边长尺寸数字前加注"□"符号	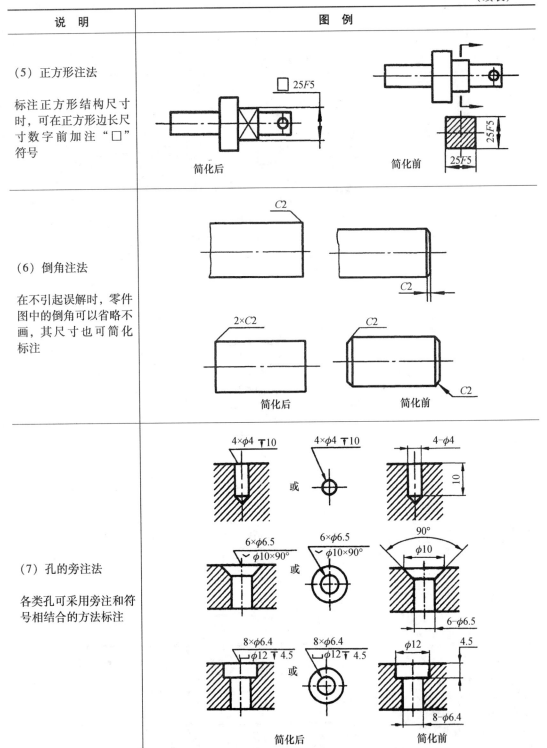
（6）倒角注法 在不引起误解时，零件图中的倒角可以省略不画，其尺寸也可简化标注	
（7）孔的旁注法 各类孔可采用旁注和符号相结合的方法标注	

（续表）

说　　明	图　　例
（8）锪平孔注法 对于锪平孔也可采用符号"⎵"简化标注	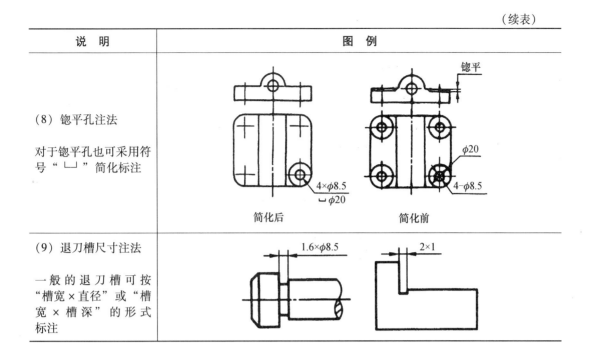
（9）退刀槽尺寸注法 一般的退刀槽可按"槽宽×直径"或"槽宽×槽深"的形式标注	

1.2　绘图工具及其使用

　　正确使用绘图工具可以提高尺规绘图的质量和效率，因此必须学会正确使用各种绘图工具和仪器。本节介绍几种常用的绘图工具及其使用方法。

1.2.1　图板、丁字尺和三角板

　　（1）图板　用来铺放图纸，板面要求平整光洁，左边为导边，必须平直。
　　（2）丁字尺　由尺头和尺身构成，和图板配合主要用来画水平线。使用时，尺头内侧必须紧靠图板的导边上下移动，由左向右画水平线，见图 1-6（a）。

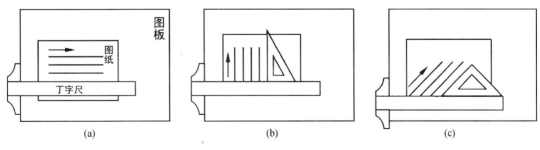

图 1-6　图板、丁字尺和三角板的配合使用

　　（3）三角板　一副三角板由 45°、30°（60°）两块组成。三角板与丁字尺配合使用，可以画垂直线以及与水平线成 15°倍角的倾斜线，见图 1-6（b）、（c）；两块三角板配合使用可画任意已知直线的平行线或垂直线，见图 1-7。

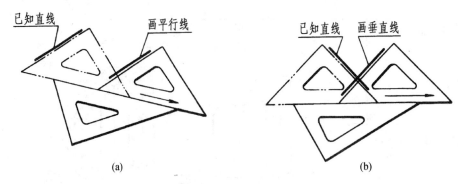

图1-7　两块三角板配合使用

1.2.2　圆规和分规

（1）圆规　见图1-8（a），用来画圆和圆弧。画圆时，圆规的钢针应使用有台阶的一端，以避免图纸上的针孔不断扩大，将圆规向前进方向稍微倾斜并使笔尖与纸面垂直，圆规的使用方法见图1-8（b）。

（2）分规　见图1-9（a），用来截取线段、量取尺寸、等分直线或圆周。分规的两个针尖并拢时应对齐。图1-9（b）是用分规等分线段的方法。

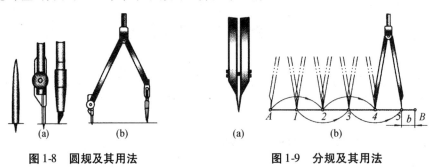

图1-8　圆规及其用法　　　　　图1-9　分规及其用法

1.2.3　其他绘图用品

（1）绘图铅笔　铅笔是画线的工具。绘图铅笔用 B 和 H 代表铅芯的软硬程度。B 表示软铅芯，B 前面的数字越大，表示铅芯越软（黑）；H 表示硬铅芯，H 前面的数字越大，表示铅芯越硬（淡）。HB 表示铅芯软硬适中。画粗线常用 B 或 HB，画细线常用 H 或 2H，写字常用 HB。画底稿时建议用 2H 铅笔。画圆或圆弧时，圆规插脚中的铅芯应比画直线的铅芯软 1 号。

（2）绘图纸　绘图时应选用纸质坚实的图纸。图纸有正反面之分，识别方法是用橡皮擦擦拭纸面，不起毛的一面为正面。绘图时图纸应布置在图板的左下方，并应在图纸下边缘留出丁字尺的宽度。

除了上述工具外，绘图时还要备有小刀、橡皮以及胶带纸等物品。

1.3 几何作图

机件的轮廓形状基本上都是由直线、圆弧和其他一些曲线构成的几何图形，因此，绘制图样时，要掌握一些几何图形的作图方法。

1.3.1 等分圆周和圆内接正多边形

（1）五等分 如图 1-10 所示，作水平半径 OA 的中点 B，以 B 为圆心，$B1$ 为半径作弧，交水平中心线于 C。以 $C1$ 为边长画弧交圆周于五个等分点，即将圆五等分；依次连接各等分点即可作出圆内接正五边形。

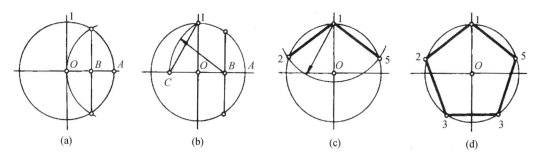

(a)   (b)   (c)   (d)

图 1-10 五等分及圆内接正五边形画法

（2）六等分 方法一：如图 1-11（a）所示，利用外接圆半径用圆规直接作图。方法二：如图 1-11（b）所示，用 60°三角板配合丁字尺通过水平直径的端点作四条边，再以丁字尺作上、下水平边，共得六个等分点，依次连接各等分点即得圆内接正六边形。

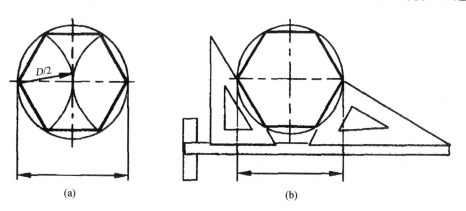

(a)   (b)

图 1-11 六等分及圆内接正六边形画法

1.3.2　斜度和锥度

（1）斜度　斜度是指一直线对另一直线或一个平面对另一个平面的倾斜程度，在图样中以 $1:n$ 的形式标注。图1-12为斜度为 $1:6$ 的画法——由 A 在水平线 AB 上取六个单位长度得 D。由 D 作 AB 的垂线 DE，取一个单位长度得 E。连接 AE，即得斜度为 $1:6$ 的直线。标注斜度符号时，其符号斜边的倾斜方向应与斜度的方向一致。

（2）锥度　锥度是指正圆锥的底圆直径与圆锥高度之比，在图样中常以 $1:n$ 的形式标注。图1-13为锥度为 $1:6$ 的画法——由 S 在水平线上取六个单位长度得 O，由 O 作 SO 的垂线，分别向上和向下量取半个单位长度，得 A 和 B，连接 SA 和 SB 即得锥度为 $1:6$ 的圆锥。

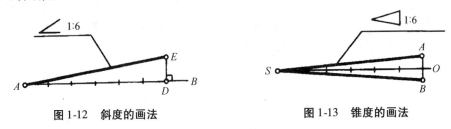

图1-12　斜度的画法　　　　　　　　　　　图1-13　锥度的画法

1.3.3　圆弧连接

用一段圆弧光滑地连接另外两条已知线段（直线或圆弧）的作图方法称为圆弧连接。这种光滑过渡，即是平面几何中的相切，在工程制图上称为连接，切点就是连接点。作图时应先求作连接圆弧的圆心及确定连接圆弧与已知线段的切点。圆弧连接的类型及作图方法见表1-11、表1-12和表1-13。

表1-11　两直线间的圆弧连接

类　别	用圆弧连接锐角或钝角的两边	用圆弧连接直角的两边
图例		
作图步骤	1. 作与已知角两边分别相距为 R 的平行线，交点 O 即为连接弧圆心 2. 自 O 点分别向已知角两边作垂线，垂足 M、N 即为切点 3. 以 O 为圆心、R 为半径在两切点 M、N 之间画连接圆弧即为所求	1. 以角顶为圆心，R 为半径画弧，交直角两边于 M、N 2. 以 M、N 为圆心，R 为半径画弧，相交得连接弧圆心 O 3. 以 O 为圆心，R 为半径在 M、N 间画连接圆弧即为所求

表 1-12 直线与圆弧间的圆弧连接

名 称	已知条件和作图要求	作图步骤		
直线和圆弧间的圆弧连接	以已知的连接弧半径 R 画弧,与直线 I 和 O_1 圆相外切	1. 作直线 II 平行于直线 I(其间距离为 R);再作已知圆弧的同心圆(半径为 R_1+R)与直线 II 相交于 O	2. 作 OA 垂直于直线 I;连 OO_1 交已知圆弧于 B,A、B 即为切点	3. 以 O 为圆心,R 为半径画圆弧,连接直线 I 和圆弧 O_1 于 A、B 即完成作图

表 1-13 两圆弧间的圆弧连接

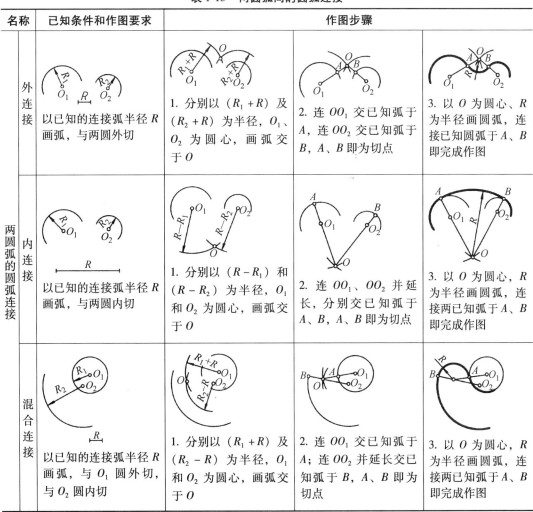

名称		已知条件和作图要求	作图步骤		
两圆弧的圆弧连接	外连接	以已知的连接弧半径 R 画弧,与两圆外切	1. 分别以 (R_1+R) 及 (R_2+R) 为半径,O_1、O_2 为圆心,画弧交于 O	2. 连 OO_1 交已知弧于 A,连 OO_2 交已知弧于 B,A、B 即为切点	3. 以 O 为圆心,R 为半径画圆弧,连接已知圆弧于 A、B 即完成作图
	内连接	以已知的连接弧半径 R 画弧,与两圆内切	1. 分别以 $(R-R_1)$ 和 $(R-R_2)$ 为半径,O_1 和 O_2 为圆心,画弧交于 O	2. 连 OO_1、OO_2 并延长,分别交已知弧于 A、B,A、B 即为切点	3. 以 O 为圆心,R 为半径画圆弧,连接两已知弧于 A、B 即完成作图
	混合连接	以已知的连接弧半径 R 画弧,与 O_1 圆外切,与 O_2 圆内切	1. 分别以 (R_1+R) 及 (R_2-R) 为半径,O_1 和 O_2 为圆心,画弧交于 O	2. 连 OO_1 交已知弧于 A;连 OO_2 并延长交已知弧于 B,A、B 即为切点	3. 以 O 为圆心,R 为半径画圆弧,连接两已知弧于 A、B 即完成作图

1.3.4　椭圆

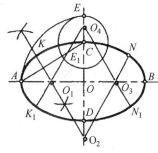

图1-14　椭圆的近似画法

绘图时，除了直线和圆弧外，还会碰到非圆曲线，这里仅介绍椭圆的近似画法。如图1-14，已知椭圆的长轴 AB 和短轴 CD，以 O 为圆心 OA 为半径画弧交 OC 延长线于 E 点；连接 AC，以 C 为圆心 CE 为半径画弧交 AC 于 E_1 点；作 AE_1 的垂直平分线并延长，分别交 AB 于 O_1，交 CD 于 O_2；取 O_1、O_2 的对称点 O_3、O_4，分别以 O_1、O_3 为圆心 O_1A 为半径画弧；以 O_2、O_4 为圆心 O_2C 为半径画弧，四段圆弧包围出一个椭圆，这种方法称为四心法，是一种近似画法。

1.4　平面图形的画法

平面图形是由若干线段（直线或曲线）连接而成的，这些线段之间的相对位置和连接关系，靠给定的尺寸来确定，因此要对这些线段的尺寸进行分析，明确各线段的连接关系，从而确定正确的作图方法和步骤。

1.4.1　平面图形的尺寸分析

1. 尺寸分类

平面图形中的尺寸按其作用分为两类：定形尺寸和定位尺寸。

（1）定形尺寸　用于确定线段的长度、圆的直径（或圆弧的半径）和角度大小的尺寸。一般情况下，一个平面图形的定形尺寸的个数是一定的，如图 1-15 中的 15、$\phi20$、$\phi5$、$R15$、$R12$、$R50$ 和 $R10$。

（2）定位尺寸　用于确定线段在平面图形中所处位置的尺寸。有时一个尺寸既是定位尺寸也

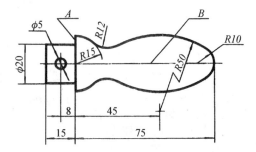

图1-15　平面图形的尺寸分析和线段分析

是定形尺寸。如图 1-15 中的 8 确定了 $\phi5$ 的圆心位置，45 确定了 $R50$ 在垂直方向上的位置，75 确定了 $R10$ 的位置等。15、$R15$ 等既是定位尺寸也是定形尺寸。

2. 尺寸基准

标注尺寸的起点称为基准，它是定位尺寸的起始位置。一般沿着每个方向都必须有一个基准，通常以对称中心线、直线或圆的中心线作为尺寸基准。如图 1-15 中 A 为水平方向基准，B 为垂直方向基准。

1.4.2　平面图形的线段分析

平面图形中的线段包括直线和圆弧，根据定位尺寸完整与否，可分为三类。

（1）已知线段：具有两个定位尺寸的线段，如图 1-15 中尺寸 $\phi 5$、$\phi 20$、$R15$ 和 $R10$。

（2）中间线段：只有一个定位尺寸的线段，如图 1-15 中尺寸 $R50$。

（3）连接线段：没有定位尺寸的线段，如图 1-15 中尺寸 $R12$。

在作图时，已知线段可直接画出，中间线段虽然缺少一个定位尺寸，但可利用它和已知线段相切的条件画出，连接线段虽然没有定位尺寸，但其必然和两个已经画出的线段相切，根据圆弧连接的方法也可画出。

画图时应先画已知线段，再画中间线段，最后画连接线段。

1.4.3　平面图形的画图步骤

绘制平面图形时，先定出基准，然后按照先已知线段，再中间线段，最后连接线段的顺序依次进行绘制，完成后，经检查无误再标注尺寸，最后完成图形绘制工作，见图 1-16。

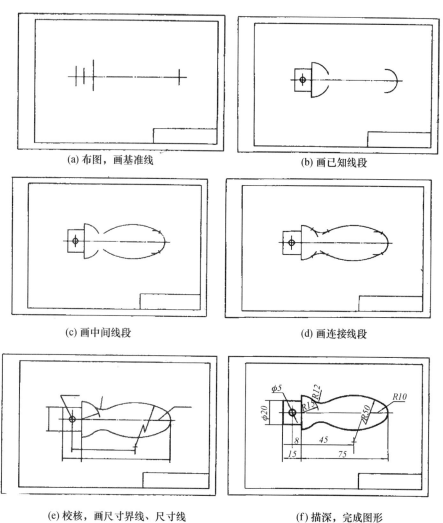

(a) 布图，画基准线

(b) 画已知线段

(c) 画中间线段

(d) 画连接线段

(e) 校核，画尺寸界线、尺寸线

(f) 描深，完成图形

图 1-16　画平面图形的步骤

1.4.4　平面图形的尺寸标注

平面图形尺寸标注的基本要求是：正确、完整、清晰。正确是指所标注的尺寸符合国家标准的规定；完整是指所标注的尺寸既不多也不少；清晰是指所标注的尺寸便于看图。通常先标注定形尺寸，再标注定位尺寸。图 1-17 为几种常见平面图形的尺寸注法。

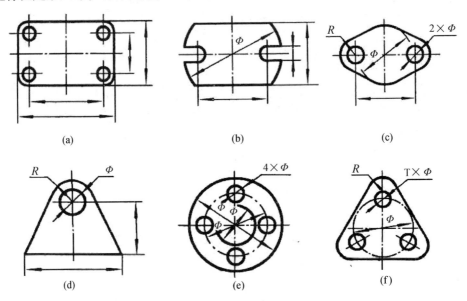

(a)　　　　　　　　(b)　　　　　　　　(c)

(d)　　　　　　　　(e)　　　　　　　　(f)

图 1-17　常见平面图形的尺寸注法

1.5　绘　图　方　法

1.5.1　绘图的方法和步骤

1. 准备工作

（1）备好绘图工具。

（2）对图形进行尺寸分析及其线段分析。

（3）确定比例，选择图幅，固定图纸。

（4）拟定具体的作图顺序。

2. 绘制底稿

绘制底稿时，用 2H 的铅笔，铅芯应经常修磨以保持尖锐，各种线型均暂不分粗细，并要画得很轻很细；作图时力求准确，画错的地方在不影响画图的情况下，可先作记号，待底稿完成后一起擦掉。

绘制底稿的一般步骤是：先画图框、标题栏，后画图形。画图时，先画基准线，再画主要轮廓，后画细部。画完后要校核，无误后画出尺寸界线和尺寸线。

3. 用铅笔描深底稿

描深底稿的步骤如下。

（1）先细后粗：一般应先描深全部细线，再描深粗实线，这样既可提高作图效率，又可保证同一线型在全图中粗细一致，不同线型之间的粗细也符合比例关系。

（2）先曲后直：在描深同一种线型（特别是粗实线）时，应先描深圆弧和圆，然后描深直线，以保证连接圆滑。

（3）先水平、后垂斜：先用丁字尺自上而下画出全部相同线型的水平线，再用三角板自左向右画出全部相同线型的垂直线，最后画出倾斜的直线。

（4）画箭头，填写尺寸数字、标题栏等（此步骤可将图纸从图板上取下来再进行）。

1.5.2　徒手绘图的方法

在生产实践中，经常需要人们借助于徒手画图来记录或表达技术思想。因此徒手画图是工程技术人员必备的一项重要的基本技能。在学习本课过程中，应通过实践，逐步地提高徒手绘图的能力。

1. 直线的画法

画直线时，要注意手指和手腕执笔有力，小手指靠着纸面。在画水平线时，为了顺手，可将图纸斜放。用一直线连接已知两点，眼睛要注视终点，以保持运笔的方向不变。画直线的运笔方向如图 1-18（a）所示。

2. 圆的画法

画直径较小的圆时，先在中心线上按半径目测定出四点，然后徒手将各点连接成圆。当画直径较大的圆时，可过圆心加画一对十字线，按半径目测定出八点，连接成圆，如图1-18(b) 所示。

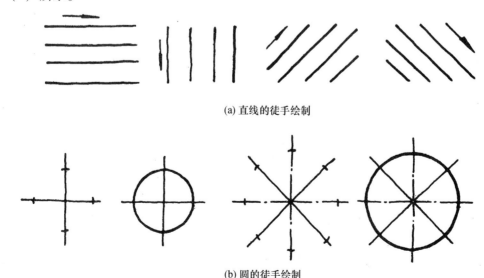

(a) 直线的徒手绘制

(b) 圆的徒手绘制

图 1-18　徒手绘图的方法

第 2 章　正投影的基础知识

2.1　正投影法与三视图

2.1.1　正投影

1. 投影法的基本概念

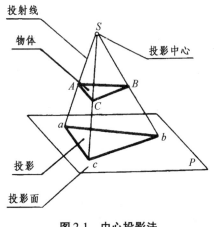

图 2-1　中心投影法

在生活中，投影现象随处可见，"立竿见影"指的就是投影现象。

如图 2-1 所示，将薄板 $\triangle ABC$ 放在平面 P 和光源 S 之间，从 S 发出的光经 A、B、C 三点向 P 面投射，并交 P 面于 a、b、c 三点。平面 P 称为投影面，SA、SB、SC 称为投射线，$\triangle abc$ 称为 $\triangle ABC$ 在投影面 P 上的投影。

这种投射线通过物体，向选定的面投射，并在该面上得到图形的方法称为投影法。根据投影法所得到的图形称为投影图。发自投射中心且通过被表示物体上各点的直线称为投射线。投影法中，得到投影的面称为投影平面。

2. 投影法的分类

投影法分为两大类，即中心投影法和平行投影法。

中心投影法是指投射线汇交于一点的投影法（投射中心位于有限远处）。采用中心投影法绘制的图样，具有较强的立体感，因而在建筑工程的外形设计中经常使用。但分析图2-1 可知，如改变物体和光源的距离，则物体投影的大小将发生变化。由于它不能反映物体的真实形状和大小，因此在机械图样中较少使用。

平行投影法是指投射线相互平行的投影法（投射中心位于无限远处）。在平行投影法中，按投射线是否垂直于投影面，又可分为斜投影法和正投影法。

斜投影法是指投射线与投影面相倾斜的平行投影法。根据斜投影法所得到的图形，称为斜投影或斜投影图（图 2-2（a））。

正投影法是指投射线与投影面相垂直的平行投影法。根据正投影法所得到的图形，称为正投影或正投影图（图 2-2（b））。

由于正投影法的投射线相互平行且垂直于投影面，所以，当空间的平面图形平行于投影面时，其投影将反映该平面图形的真实形状和大小，即使改变它与投影面之间的距离，其投影形状和大小也不会改变。因此，绘制机械图样主要采用正投影法。

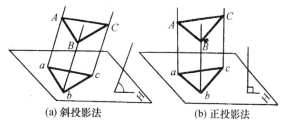

(a) 斜投影法　　　(b) 正投影法

图 2-2　平行投影法

3. 正投影的基本特性

（1）显实性　平面图形（或直线段）平行于投影面时，其投影反映实形（或实长）的性质，称为显实性，如图 2-3 所示。

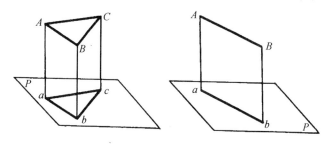

图 2-3　正投影的显实性

（2）积聚性　平面图形（或直线段）垂直于投影面时，其投影积聚为一直线（或一个点）的性质，称为积聚性，如图 2-4 所示。

（3）类似性　平面图形（或直线段）倾斜于投影面时，其投影变小（或变短），但投影的形状仍与原来形状相类似的性质，称为类似性，如图 2-5 所示。

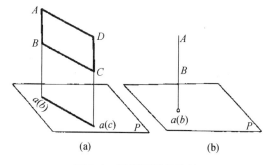

(a)　　　(b)

图 2-4　正投影的积聚性

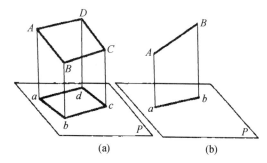

(a)　　　(b)

图 2-5　正投影的类似性

2.1.2　三视图的形成及其对应关系

1. 三视图的形成

（1）三投影面体系的建立

三投影面体系是由三个相互垂直相交的投影平面所组成的，如图 2-6 所示。其中，正立投影面简称正立面，用 V 表示；水平投影面简称水平面，用 H 表示；侧立投影面简称侧立面，用 W 表示。

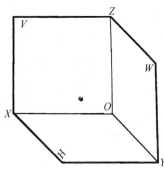

图 2-6　三投影面体系

三个投影面两两相交，其交线 OX、OY、OZ 称为投影轴，三个投影轴相互垂直且交于一点 O，称为投影原点。

（2）物体在三投影面体系中的投影

将物体置于三投影面体系中，按正投影法分别向 V、H、W 三个投影面进行投影，即可得到物体的相应投影，如图 2-7（a）所示。

在机械制图中，通常把物体在投影平面上的相应投影称为视图。将物体从前向后投射，在 V 面上所得的正面投影称为主视图；将物体从上向下投射，在 H 面上所得的水平投影称为俯视图；将物体从左向右投射，在 W 面上所得的侧面投影称为左视图。

（3）三投影面的展开

为了便于画图，须将三个互相垂直的投影面展开。展开规定：V 面保持不动，H 面绕 OX 轴向下旋转 90°，W 面绕 OZ 轴向右旋转 90°，使 H、W 面与 V 面重合为一个平面，这个平面就是图纸，如图 2-7(b) 所示。展开后，主视图、俯视图和左视图的相对位置如图 2-7(c) 所示。

这里应注意，当投影面展开时，OY 轴被分为两处，随 H 面旋转的用 OY_H 表示，随 W 面旋转的用 OY_W 表示。为简化作图，在画三视图时，不必画出投影面的边框线和投影轴，如图 2-7(d) 所示。

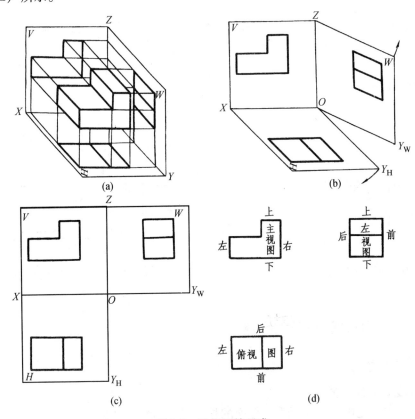

图 2-7　三视图的形成

2. 三视图之间的关系

（1）三视图的位置关系

由投影面的展开过程可以看出，三视图之间的位置关系为：以主视图为准，俯视图在主视图的正下方，左视图在主视图的正右方。

（2）三视图之间的投影关系

从三视图的形成过程中可以看出，主视图和俯视图都反映了物体的长度，主视图和左视图都反映了物体的高度，俯视图和左视图都反映了物体的宽度。由此可以归纳出主、俯、左三个视图之间的投影关系为：主、俯视图长对正；主、左视图高平齐；俯、左视图宽相等。

三视图之间的这种投影关系也称为视图之间的三等关系（三等规律）。作图时，为了体现宽相等，可引出 45°辅助线来求得其对应关系。应当注意，这种关系无论是对整个物体还是对物体的局部均是如此，如图 2-8 所示。

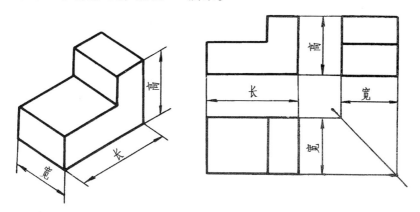

图 2-8　三视图间的三等关系

（3）视图与物体的方位关系

① 主视图反映了物体的上、下和左、右位置关系；

② 俯视图反映了物体的前、后和左、右位置关系；

③ 左视图反映了物体的上、下和前、后位置关系。

在看图和画图时必须注意，以主视图为准，俯、左视图远离主视图的一侧表示物体的前面，靠近主视图的一侧表示物体的后面，如图 2-7(d) 所示。

2.2　点、直线、平面的投影

2.2.1　点的投影

1. 点的投影及其投影规律

（1）点的三面投影图

将空间点 S 置于三投影面体系之中，过 S 点分别向三个投影面作垂线（即投射线），

交得三个垂足 s、s'、s''，即分别为 S 点的 H 面投影、V 面投影、W 面投影，如图 2-9(a)
所示。

统一规定：空间点用大写字母 A、B、C 表示；空间点在 H 面上的投影用其相应的小
写字母 a、b、c 表示；在 V 面上的投影用字母 a'、b'、c' 表示；在 W 面上的投影用字母 a''、
b''、c'' 表示。

移去空间点 S，将投影面展开，并去掉投影面的边框线，便得到如图 2-9(b) 所示的
点的三面投影图。

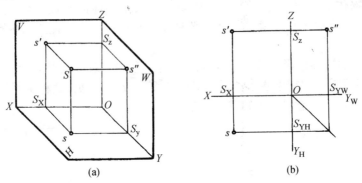

图 2-9　点的三面投影图

（2）点的投影规律

由图 2-9 可以分析归纳出点的投影规律：

① 点的两面投影连线垂直于相应的投影轴，即 $ss' \perp OX$、$s's'' \perp OZ$、$ss_{YH} \perp OY_H$、$s''s_{YW} \perp OY_W$；

② 点的投影到投影轴的距离，等于该点到相应投影面的距离。

2. 点的投影与空间直角坐标

点的空间位置也可用直角坐标来确定，如图 2-10 所示。即把三投影面体系看成空间
直角坐标系，把投影面当作坐标面，投影轴当作坐标轴，O 即为坐标原点。点的坐标的规
定书写形式为 $S(x, y, z)$ 则：

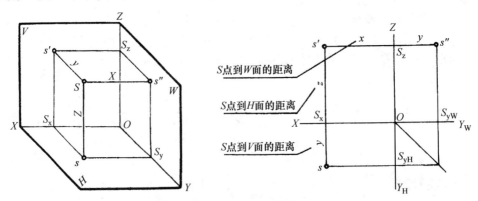

图 2-10　点的投影与直角坐标的关系

空间点 S 到 W 面的距离 Ss''，等于点 S 的 X 坐标；
空间点 S 到 V 面的距离 Ss'，等于点 S 的 Y 坐标；

空间点 S 到 H 面的距离 Ss，等于点 S 的 Z 坐标。

由此可见，若已知点的直角坐标，就可作出点的三面投影。而点的任何一面投影都反映了点的两个坐标，点的两面投影即可反映点的三个坐标，也就是确定了点的空间位置。因而，若已知点的任意两个投影，就可作出点的第三面投影。

例 2-1　已知点 A（30，10，20），求作点 A 的三面投影图。

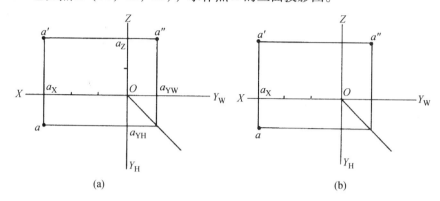

(a)　　　　　　　　　　(b)

图 2-11　根据点的坐标作投影图

解　作图方法见图 2-11，步骤如下：

① 自原点 O 沿 OX 轴向左量取 $X = 30$，得点 a_x；

② 过 a_x 作 OX 轴的垂线，在垂线上自 a_x 向上量取 $Z = 20$，得点 A 的正面投影 a'，自 a_x 向下量取 $Y = 10$，得点 A 的水平投影 a；

③ 过 a' 作 OZ 轴的垂线，得交点 a_z。过 a_z 在垂线上沿 OY_W 方向量取 $a_z a'' = 10$，定出 a''。也可过 O 向右下方作 45°辅助线，并过 a 作 OY_H 轴的垂线与 45°线相交，然后再由此交点作 OY_W 轴的垂线，与过 a' 点且垂直于 OZ 轴的投影线相交，交点即为 a''。

3. 两点的相对位置

空间两点的相对位置由两点的坐标差来确定。两点的 X 坐标差值确定左、右位置关系，坐标值大者在左；两点的 Y 坐标差值确定前、后位置关系，坐标值大者在前；两点的 Z 坐标差值确定上、下位置关系，坐标值大者在上。

如图 2-12 所示，由于 $X_A > X_B$，因此 A 点在左，B 点在右；由于 $Y_A < Y_B$，因此 A 点在后，B 点在前；由于 $Z_A < Z_B$，因此 A 点在下，B 点在上。也就是说，A 点在 B 点的左、后、下方。

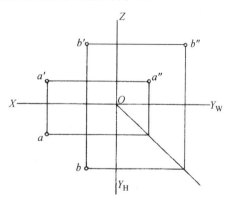

图 2-12　两点的相对位置

2.2.2　直线的投影

1. 直线的三面投影

直线的投影一般仍为直线。需要注意的是，本书中提到的"直线"均指由两端点所确定的直线段。因此，求作直线的投影，实际上就是求作直线两端点的投影，然后连接同面投影即可，如图 2-13 所示。

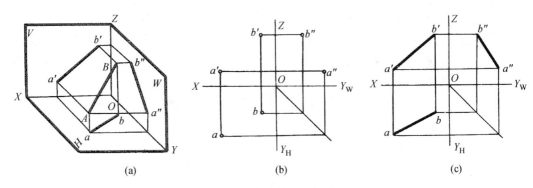

$$(a) \qquad (b) \qquad (c)$$

图 2-13　直线的三面投影

2. 各种位置直线的投影特性

按照空间直线对投影面的相对位置，直线可分为特殊位置直线和一般位置直线。特殊位置直线又可分为投影面的平行线和投影面的垂直线。

与三个投影面均倾斜的直线，称为一般位置直线。由正投影的基本特性中的类似性可知，一般位置直线的三面投影均不反映实长，而且小于实长。如图 2-13 中所示的直线 AB 即为一般位置直线。

平行于一个投影面，而且倾斜于另外两个投影面的直线称为投影面的平行线。平行于 H 面，且倾斜于 V、W 面的直线称为水平线；平行于 V 面，且倾斜于 H、W 面的直线称为正平线；平行于 W 面，且倾斜于 H、V 面的直线称为侧平线。其投影特性见表 2-1。

表 2-1　投影面平行线的投影特性

名称	水平线 （∥H 面，对 V、W 面倾斜）	正平线 （∥V 面，对 H、W 面倾斜）	侧平线 （∥W 面，对 H、V 面倾斜）
立体图			
投影图			
投影特性	（1）水平投影 $ab = AB$ （2）正面投影 $a'b'\,\|\,OX$，侧面投影 $a''b''\,\|\,OY$，都不反映实长	（1）水平投影 $c'd' = CD$ （2）水平投影 $cd\,\|\,OX$，侧面投影 $c''d''\,\|\,OZ$，都不反映实长	（1）水平投影 $e''f'' = EF$ （2）水平投影 $ef\,\|\,OY_H$，正侧面投影 $e'f'\,\|\,OZ$，都不反映实长

垂直于一个投影面同时平行于另外两投影面的直线，称为投影面的垂直线。垂直于 H 面（平行于 V、W 面）的直线称为铅垂线；垂直于 V 面（平行于 H、W 面）的直线称为正垂线；垂直于 W 面（平行于 H、V 面）的直线称为侧垂线。其投影特性见表 2-2。

表 2-2　投影面垂直线的投影特性

名称	铅垂线（$\perp H$，$/\!/V$ 和 W）	正垂线（$\perp V$，$/\!/H$ 和 W）	侧垂线（$\perp W$，$/\!/H$ 和 V）
立体图			
投影图			
投影特性	（1）水平投影 a（b）成一点，有积聚性 （2）$a'b' = a''b'' = AB$，且 $a'b' \perp OX$，$a''b'' \perp OY_W$	（1）正面投影 c'（d'）成一点，有积聚性 （2）$cd = c''d'' = AB$，且 $cd \perp OX$，$cd \perp OZ$	（1）侧面投影 e''（f''）成一点，有积聚性 （2）$ef = e'f' = EF$，且 $ef \perp OY_H$，$e'f' \perp OZ$

3. 直线上取点

如果点在直线上，则点的三面投影必在直线的同面投影之上，这种性质称为从属性。如果点的三面投影中有一个投影不在直线的同面投影上，则该点不在直线上。如图 2-14 所示，C 点在直线 AB 上，则必有 c 在 ab 上，c' 在 $a'b'$ 上，c'' 在 $a''b''$ 上。

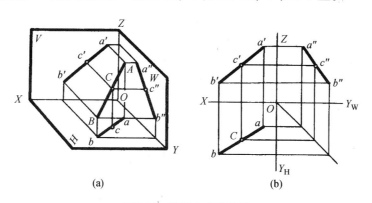

(a)　　　　　　　(b)

图 2-14　直线上点的投影

2.2.3　平面的投影

1. 平面的表示法

（1）用几何元素表示平面

在投影图上可以用下列任何一组几何元素的投影表示平面，如图 2-15 所示。

（a）不在同一直线上的三个点。

（b）一直线和直线外一点。

（c）相交两直线。

（d）平行两直线。

（e）任意平面图形。

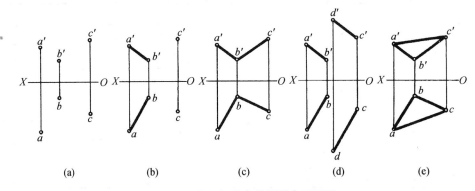

图 2-15　用几何元素的投影表示平面

（2）用迹线表示平面

在三投影面体系中，空间平面与投影面的交线，称为平面的迹线。如图 2-16（a）、（b）所示，平面 P 与 V 面的交线称为平面 P 的正面迹线，用 P_V 表示；平面 P 与 H 面的交线称为平面 P 的水平迹线，用 P_H 表示；平面 P 与 W 面的交线称为平面 P 的侧面迹线，用 P_W 表示，图 2-16（c）所示为用迹线表示的水平面。

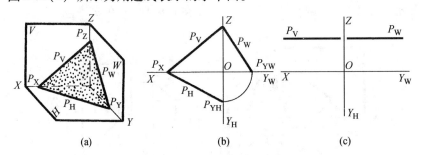

图 2-16　平面的迹线表示法

2. 各种位置平面的投影特性

根据空间平面相对于投影面的位置，平面可分为一般位置平面、特殊位置平面两大类。特殊位置平面又分为投影面平行面和投影面垂直面。

在三投影面体系中，与三个投影面均倾斜的平面，称为一般位置平面。如图 2-17 所示，△ABC 即为一般位置平面。一般位置平面的投影特性为：三个投影均为小于实形的类似形。

在三投影面体系中，垂直于一个投影面并且倾斜于另外两个投影面的平面，称为投影面垂直面。垂直于 H 面并且倾斜于 V、W 面的平面，称为铅垂面；垂直于 V 面并且倾斜于 H、W 面的平面，称为正垂面；垂直于 W 面并且倾斜于 H、V 面的平面，称为侧垂面。投影面垂直面的投影特性为：在所垂直

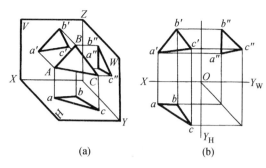

图 2-17　一般位置平面及其投影

的投影面上的投影具有积聚性，积聚为一倾斜于投影轴的直线，其余两个投影均为小于实形的类似形，见表 2-3。

表 2-3　投影面垂直面的投影特性

名称	铅垂面（⊥H）	正垂面（⊥V）	侧垂面（⊥W）
立体图			
投影图			
投影特性	（1）水平投影成为有积聚性的直线段 （2）正面投影和侧面投影为原形的类似形	（1）侧面投影成为有积聚性的直线段 （2）水平投影和正面投影为原形的类似形	（1）正面投影成为有积聚性的直线段 （2）侧投影和水平投影为原形的类似形

在三投影面体系中，平行于一个投影面且垂直于另外两个投影面的平面，称为投影面平行面。平行于 H 面（垂直于 V、W 面）的平面，称为水平面；平行于 V 面（垂直于 H、W 面）的平面，称为正平面；平行于 W 面（垂直于 H、V 面）的平面，称为侧平面。投影面平行面的投影特性为：在所平行的投影面上的投影反映实形；其余两个投影积聚为平行于相应投影轴的直线，见表 2-4。

表 2-4　投影面平行面的投影特性

名称	正平面（∥V）	水平面（∥H）	侧平面（∥W）
立体图			
投影图			
投影特性	（1）V 面投影反映实形 （2）H、W 面投影积聚为直线，且分别平行于相应投影轴 OX、OZ	（1）H 面投影反映实形 （2）V、W 面投影积聚为直线，且分别平行于相应投影轴 OX、OY_W	（1）W 面投影反映实形 （2）H、V 面投影积聚为直线，且分别平行于相应投影轴 OZ、OY_H

3. 平面上点和直线的投影

（1）平面上的点

点在平面上的几何条件为：若点在平面内的任一已知直线上，则点必在该平面上。

如图 2-18 所示，平面 P 由两相交直线 AB 和 BC 所确定，若 M、N 两点分别在 AB、BC 两直线上，则 M、N 两点必定在平面 P 上。

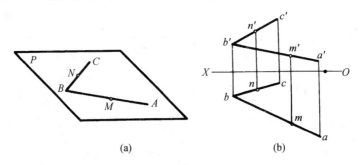

（a）　　　　　　　　　　（b）

图 2-18　平面上的点

（2）平面上的直线

直线在平面上的几何条件为：若一直线经过平面上的两个已知点，或经过一个已知点且平行于该平面上的另一已知直线，则此直线必定在该平面上。

如图 2-19（a）所示，平面 P 由相交两直线 AB 和 BC 所确定，点 M、N 分别为该平面上的两已知点，则直线 MN 必定在平面 P 上。

如图 2-19（b）所示，平面 P 由相交两直线 AB 和 BC 所确定，点 D 在 AB 上，过点 D

作 $DE /\!/ BC$，则直线 DE 必定在平面 P 上。

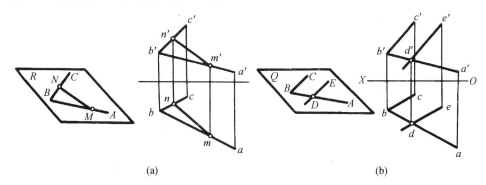

(a)　　　　　　　　　　　　　　(b)

图 2-19　平面上的直线

例 2-2　如图 2-20(a) 所示，已知平面 $\triangle ABC$ 上点 E 的正面投影 e'，求点 E 的水平投影 e。

解　分析：由于点 E 在平面 $\triangle ABC$ 上，故可过 E 点作一条平面上的已知直线，然后按点、线的从属性求点 E 的水平投影。作图步骤如下：

① 过 e' 作直线 $1'$、$2'$，分别与 $a'b'$、$b'c'$ 交于 $1'$、$2'$ 两点。

② 作出直线 $1'$、$2'$ 的水平投影 1、2。

③ 过 e' 作投影连线交 1、2 于 e 点即求出 E 的水平投影。见图 2-20(b)。

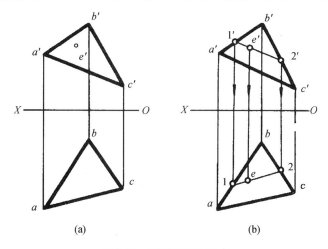

(a)　　　　　　　　　　　　　　(b)

图 2-20　取属于平面的点

例 2-3　如图 2-21(a) 所示，已知五边形 $ABCDE$ 的水平投影 $abcde$ 和 AB、BC 边的正面投影 $a'b'$、$b'c'$，试完成五边形的正面投影。

解　分析：由于图中相交两直线 AB、BC 的两面投影都已知，因此五边形 $ABCDE$ 的位置即已确定，根据点、线、面的从属性即可补画出五边形的正面投影。作图步骤：

① 连 ac、bd 相交于点 1，过 1 作投影连线，交 $a'c'$ 于 $1'$。

② 连接 $b'1'$，并延长，过 d 作投影连线交 $b'1'$ 的延长线于 d'。

③ 同理作出 e'，依次将五边形各点的正面投影连接起来。见图 2-21(b)。

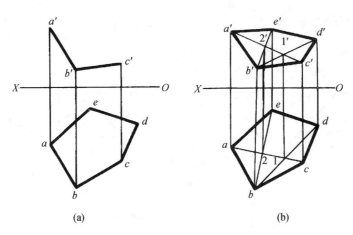

图 2-21　完成平面五边形的正面投影

2.3　基本体的投影

基本体分为平面立体和曲面立体两类。表面均为平面的立体，称为平面立体；表面为曲面或曲面与平面的立体，称为曲面立体。

2.3.1　平面立体

由于平面立体的各表面都是平面图形，而平面图形是由直线段围成，直线段又由其两端点所定，因此，绘制平面立体的投影，可归结为画出各平面间的交线和各顶点的投影。平面立体主要有棱柱和棱锥两种。

1. 棱柱

侧棱线互相平行的平面立体称为棱柱。下面以正三棱柱为例进行分析。

（1）棱柱的投影

如图 2-22（a）所示，将三棱柱的顶面和底面置于水平面位置，左前面和右前面置于铅垂面位置，后面置于正平面位置。在这种位置下，由线面的投影特性得到三棱柱的投影特点：顶面与底面的水平投影重合，具有显实性，为正三角形，三个侧面的水平投影分别积聚在三角形的三条边上。左前面和右前面的正面投影是两个相连的矩形线框，其侧面投影重合在一起。作投影图时，先画俯视图，然后根据三棱柱的高按投影规律依次画出主视图和左视图。如图 2-22（b）所示。

图 2-23 为正五棱柱和正六棱柱的投影图，通过观察可见棱柱投影的特点是：一个投影面的图形是反映实形的正多边形，此为形状特征明显的视图，其他两个投影面的图形为若干个矩形。

（2）棱柱表面上点的投影

在棱柱表面上取点，首先要判别此点位于立体的哪一个表面上，其三面投影是否可见，然后按照面上取点的方法作出点的投影。如图 2-22（b）所示，已知三棱柱体表面上一点 M 的正面投影 m'，求作 m 和 m''。首先根据点的位置和可见性判别出 M 点位于右前面上，然后根据右前面是铅垂面，其水平投影积聚为一直线直接作出 M 点的水平投影 m，再根据点的两面投影求出 M 点的另外一面投影 m''，最后判别点的投影的可见性，因点 M 位于右前面上，所以其正面投影可见，侧面投影不可见，水平投影因积聚在直线上，可不判断可见性。

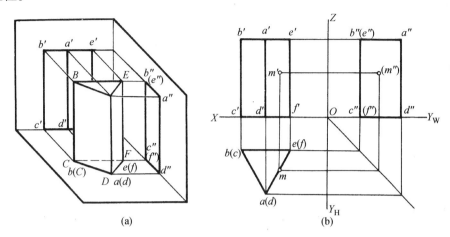

图 2-22　正三棱柱及其表面上点的投影

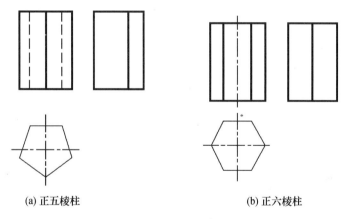

(a) 正五棱柱　　　　　　　　　(b) 正六棱柱

图 2-23　正五、正六棱柱的投影

2. 棱锥

侧棱线交于一点的平面立体称为棱锥，下面以正三棱锥为例进行分析。

（1）棱锥的投影

如图 2-24（a）所示，将三棱锥的底面置于水平面位置，左前面和右前面为一般位置平面，后面置于侧垂面位置。在这种位置下，由线面的投影特性得到三棱锥的投影特点：底面的水平投影具有显实性，为正三角形，三个侧面的水平投影具有类似性，为三个等腰三角形。左前面和右前面的正面投影是两个相连的直角三角形线框组成的等腰三角形，和后面的正面投影重合在一起。左前面和右前面的侧面投影重合在一起。作投影图时，先画俯视图，然后根据三棱锥的高，按投影规律依次画出主视图和左视图。如图 2-24（b）所示。

图 2-25 为正四棱锥和正六棱锥的投影图，通过观察可见棱锥投影的特点是：三个投影面的投影图形均为若干个相邻的三角形。

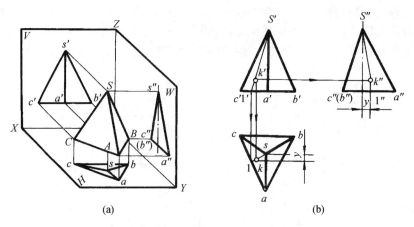

图2-24　正三棱锥及其表面上点的投影

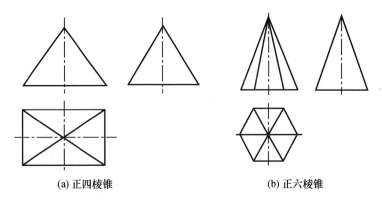

(a) 正四棱锥　　　　　　　　(b) 正六棱锥

图2-25　正四棱锥和正六棱锥的投影

（2）棱锥表面上点的投影

如图2-24（b）所示，已知三棱锥表面上点 K 的正面投影 k'，求作 k 和 k''。利用辅助线法由 s' 过 k' 作辅助线 $s'1'$，再由 $s'1'$ 作出 $s1$，并在 $s1$ 上定出 k，根据 K 点的两面投影，利用三等规律作出 K 点的侧面投影 k''。最后判别点的投影的可见性，因点 K 位于左前面上，所以其三面投影均可见。

2.3.2　曲面立体

1. 圆柱

圆柱面是由一条直母线绕平行于它的轴线回转而成的。母线的任意位置称为素线，如图2-26（a）所示，圆柱体是由圆柱面与上下两底面所围成的。

（1）圆柱的投影

图2-26（b）是轴线为铅垂线的圆柱体的投影情况。图2-26（c）为该圆柱体的三视图。圆柱面的水平投影积聚为一个圆；正面投影为一个矩形线框，是前后两半圆柱分界的转向轮廓线，其中两条竖线是圆柱面最左和最右素线的投影；侧面投影是和正面投影相同的矩形线框，是左右两半圆柱分界的转向轮廓线，其中两条竖线是圆柱面最前和最后素线的投

影。画图时，先用点画线画出轴线和圆的对称中心线，然后画形状特征明显的视图，即积聚为圆的俯视图，最后根据圆柱体的高度画出另外两个视图。

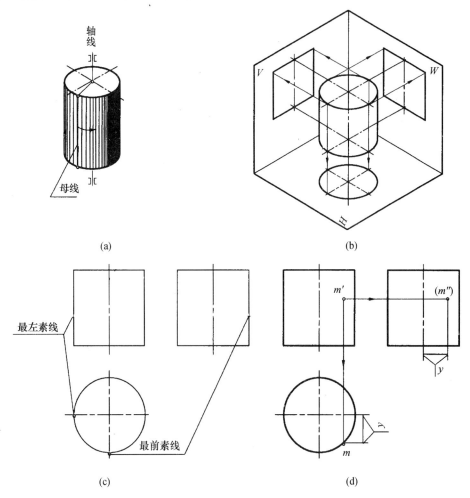

图 2-26　圆柱体的三视图及表面上点的投影

（2）圆柱体表面上点的投影

最前、最后、最左、最右四条素线将圆柱体分为左前、左后、右前、右后四部分。在圆柱体表面取点时，首先要判断点位于四部分中的哪一部分，然后求出点的各面投影并判别投影的可见性。如图 2-26（d）所示，已知圆柱体上点 M 的正面投影 m'，求作 m 和 m''。首先根据 m' 的位置和可见判断 M 点位于右前柱面上，根据圆柱面水平投影的积聚性直接作出 m，再按投影关系作出 m''。由于 M 点位于右前位置，所以侧面投影 m'' 不可见。

2. 圆锥

圆锥面是由一条直母线绕与它倾斜相交的轴线回转而成的。母线的任意位置称为素线。如图 2-27（a）所示，圆锥体是由圆锥面与底面所围成的。

（1）圆锥的投影

图 2-27（b）是轴线为铅垂线的圆锥体的投影情况。图 2-27（c）为该圆锥体的三视图。圆锥体的水平投影为一个圆；正面投影为一个等腰三角形，是前后两半圆锥分界的转向轮

廓线，其中两条腰是圆锥体最左和最右素线的投影；侧面投影是和正面投影相同的等腰三角形，是左右两半圆锥分界的转向轮廓线，其中两条腰是圆锥体最前和最后素线的投影。画图时，先用点画线画出轴线和圆的对称中心线，然后画形状特征明显的视图，即圆的俯视图，最后根据圆锥体的高度画出另外两个视图。

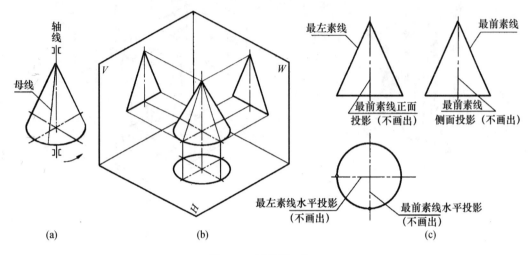

图 2-27　圆锥的三视图

（2）圆锥体表面上点的投影

最前、最后、最左、最右四条素线将圆锥体分为左前、左后、右前、右后四部分。在圆锥体表面取点时，首先要判断点位于四部分中的哪一部分，然后求出点的各面投影并判别投影的可见性。由于圆锥面没有积聚性，因此作图时要引入辅助线。如图 2-28 所示，已知圆锥面上点 M 的正面投影 m'，求作 m 和 m''。首先根据 m' 的位置和可见判断 M 点位于左前圆锥面上，其三面投影均可见。具体作图方法有两种：

① 辅助素线法。如图 2-28（a）所示，过锥顶 s' 和点 m' 作一辅助素线 $s'm'$ 并延长，交底面于 a'，作出 sa 和 $s''a''$，再由 m' 根据投影规律作出 m 和 m''。

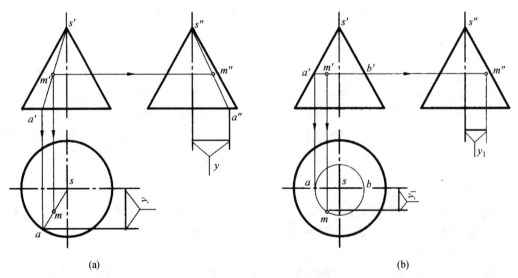

图 2-28　圆锥体表面上点的投影

② 辅助圆法。如图 2-28(b) 所示，过 m' 作圆锥轴线的垂直线，交圆锥最左最右轮廓线于 $a'b'$（为辅助圆具有积聚性的投影），以 s 为圆心，$a'b'$ 为直径作辅助圆的水平投影，m 必在此辅助圆上，再由 m' 和 m 求出 m''。

3. 圆球

圆球是由圆母线绕其直径回转而成的，如图 2-29(a) 所示。

（1）圆球的投影

从图 2-29(b) 可看出，圆球的三个视图都是直径相等的圆，其直径和球径相等。主视图圆是前后半球分界的转向轮廓圆，俯视图圆是上下半球分界的转向轮廓圆，左视图圆是左右半球分界的转向轮廓圆。作图时，先画出三个圆的对称中心线，定出球心的三面投影，然后画出与球等径的三个圆，如图 2-29(c) 所示。

（2）圆球表面上点的投影

如图 2-29(d) 所示，已知圆球上点 M 的正面投影 m'，求作 m 和 m''。首先根据 m' 的位置和正面投影不可见判断 M 点位于球的左下后方，除侧面投影可见外其余两面投影均不可见。作图采用辅助圆法：过 m' 作 ox 的平行线交球的正面投影于 $a'b'$，作出 $a'b'$ 的水平投影 ab，以 o 为圆心 oa 为半径画圆与过 m' 的投影连线交于 m，再由 m 和 m' 求出 m''。

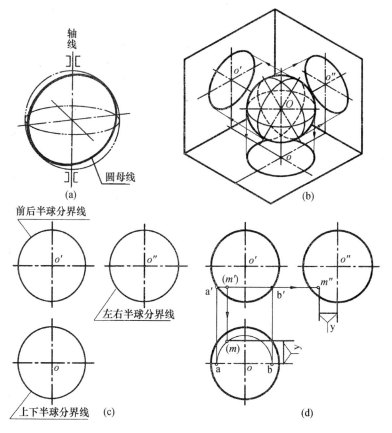

图 2-29 圆球的三视图及表面上点的投影

2.4　基本体的表面交线

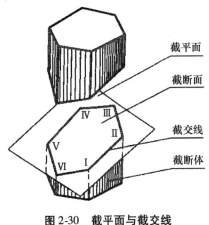

图 2-30　截平面与截交线

2.4.1　截交线

当基本体被平面截断成两部分时，其中任一部分都称为截断体，用来截切立体的平面称为截平面，截平面与立体表面的交线称为截交线。截交线具有两个基本性质：

（1）截交线是截平面与立体表面的共有线；

（2）截交线是闭合的平面图形。如图 2-30 所示。由于截交线是截平面与立体表面的共有线，截交线上的点是截平面与立体表面的共有点，因此，求截交线的问题，实质上就是求截平面与立体表面的全部共有点的集合。

1. 平面立体截交线

平面立体的截交线是平面多边形，多边形的各个顶点是截平面与平面立体棱线的交点，多边形的每一条边，是截平面与平面立体各表面的交线。如图 2-31，正六棱柱被正垂面截切，截交线是六边形，其六个顶点是截平面与六棱柱各棱线的交点。作图步骤是：先画出正六棱柱的投影图，见图 2-31（a）；然后利用截平面和正六棱柱各侧面的积聚性找出截交线各顶点的正面投影和水平投影，再根据点的投影规律作出侧面投影，最后依次连接各顶点的同面投影，即为截交线的投影，见图 2-31（b）。

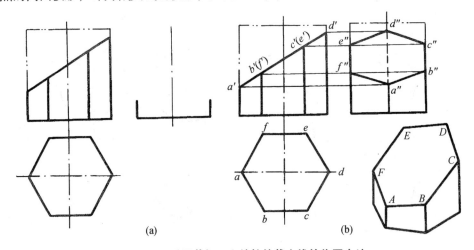

(a)　　　　　　　　　　　(b)

图 2-31　正垂面截切正六棱柱的截交线的作图方法

例 2-4　绘制开槽四棱台的三视图，如图 2-32（a）所示。

作图步骤：

（1）经分析，四棱台的方槽是由两个侧平面夹一个水平面切割而成，两侧平面的正面和水平投影有积聚性，水平面的正面和侧面投影有积聚性。

（2）作图时，先画出四棱台的三视图，见图 2-32（b），然后在主视图上画出有积聚性的方槽，作出槽的侧面投影（虚线）和水平投影，见图 2-32（c），最后描深，完成三视图，见图 2-32（d）。

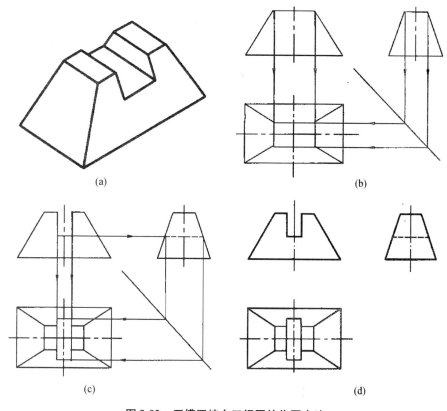

(a)　　　　　　　　　　　　　　(b)

(c)　　　　　　　　　　　　　　(d)

图 2-32　开槽四棱台三视图的作图方法

2. 曲面立体截交线

曲面立体的截交线，一般情况下是封闭的平面曲线。作图时，须先作出特殊位置点，包括最前、最后、最左、最右、最上、最下点，再作出适当数量的一般点，最后将这些点依次光滑连接起来即为截交线的投影。

圆柱的截交线，根据截平面相对于轴线的位置不同有三种形状，见表 2-5。

当圆柱的截交线为矩形和圆时，其投影可以利用积聚性去求，非常简便。当截交线为椭圆时，如图 2-33 所示，圆柱被正垂面截切，因正垂面与圆柱的轴线倾斜，所以截交线为椭圆，椭圆的正面投影积聚为直线，其他两面投影为相似椭圆。作图步骤是：首先作出圆柱的三视图和截平面具有积聚性的投影，见图 2-33（a），然后作出特殊位置点 I（最右最上点）、II（最左最下点）、III（最前点）、IV（最后点）的三面投影，接着再作出四个一般位置点（一般沿着 45° 斜线取对称点）——A、B、C 和 D，依次作出此四点的三面投影，最后依次光滑连接各点，即作出椭圆的三面投影，见图 2-33（b）所示。

表2-5　圆柱的截交线

截平面位置	平行于轴线	垂直于轴线	倾斜于轴线
截交线名称	两平行直线	圆	椭圆
立体图	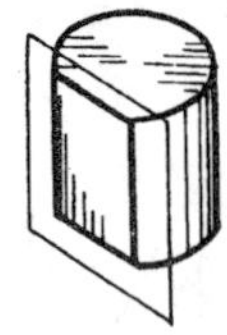		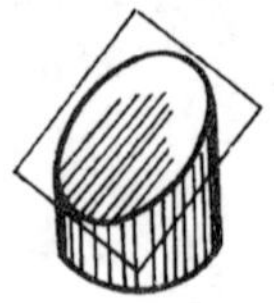
投影图	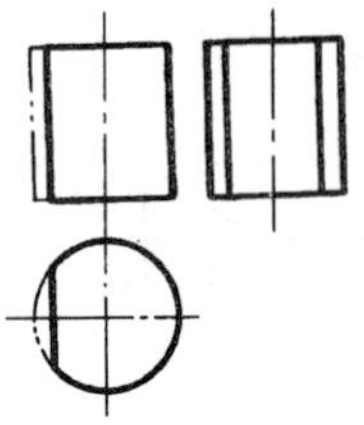	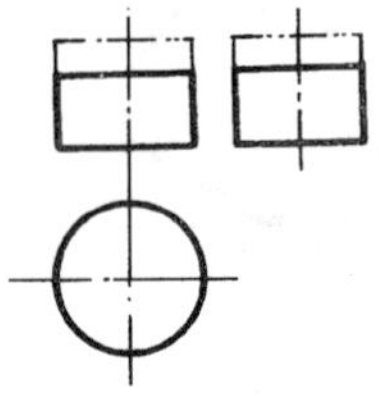	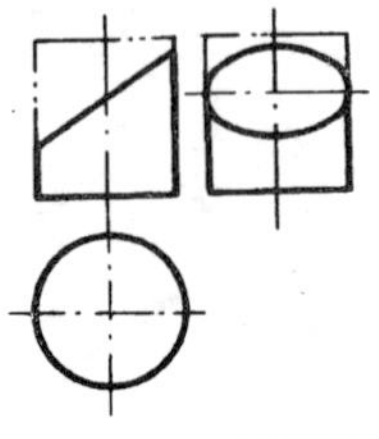

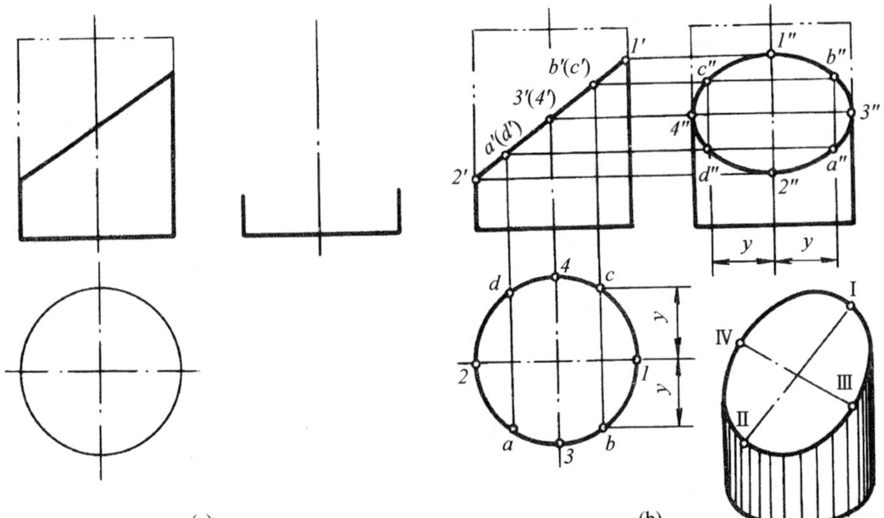

图2-33　正垂面截切圆柱的截交线（椭圆）的作图方法

例2-5　绘制接头的三视图，如图2-34（a）所示。

作图步骤：

（1）经分析，接头是由圆柱体被两个侧平面和一个水平面在上方左右对称切口，两个正平面夹一个水平面在下方开槽切割而成，两侧平面和正平面与圆柱轴线平行，截交线是两平行直线，水平面与轴线垂直，截交线是圆。

（2）作图时，先画出圆柱的三视图，然后在主视图上左右对称画出有积聚性的切口，作出切口的侧面投影（$a''b''c''d''$）和水平投影（$abcd$）；再在左视图上前后对称画出具有积聚性的槽口，根据投影关系作出槽口的正面和水平投影；最后描深，完成三视图，见图2-34（b）。

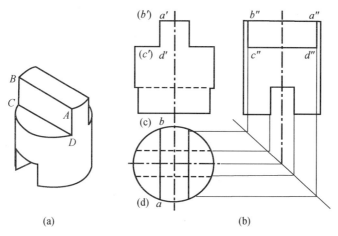

图 2-34 接头三视图的作图方法

圆锥的截交线，根据截平面相对轴线的位置不同有五种形状，见表 2-6。

表 2-6 圆锥的截交线

截平面位置	过锥顶	垂直于轴线 $\theta=90°$	倾斜于轴线 $\theta>\alpha$	平行或倾斜于轴线 $\theta=0°$ 或 $\theta<0°$	倾斜于轴线 $\theta=\alpha$
截交线名称	三角形	圆	椭圆	双曲线	抛物线
立体图					
投影图					

圆球的截交线，在任何情况下都是一个圆，当截平面为投影面的平行面时，截交线的两面投影积聚为直线，另外一面投影反映圆的实形，见图 2-35。

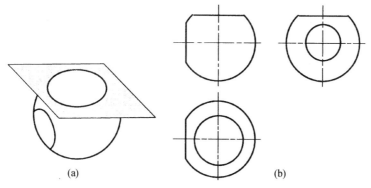

图 2-35 平行面截切圆球时的投影图

例 2-6　绘制开槽半球的三视图，见图 2-36(a)。

作图步骤：

（1）经分析，半球的方槽是由两个侧平面夹一个水平面切割而成，两侧平面的正面和水平投影有积聚性，侧面投影反映实圆；水平面的正面和侧面投影有积聚性，水平投影反映实圆。

（2）作图时，先画出半球的三视图，见图 2-36(a)，然后在主视图上画出有积聚性的方槽，作出槽的侧面投影（虚线）和水平投影，最后描深，完成三视图，见图 2-36(b)。

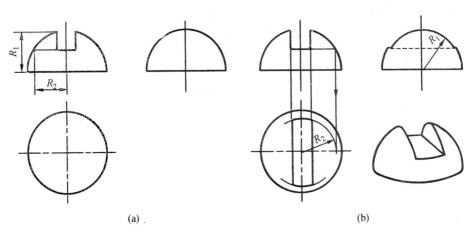

(a)　　　　　　　　　　　　　　　　　　(b)

图 2-36　开槽半球三视图的作图方法

2.4.2　相贯线

两回转体相交，表面形成的交线称为相贯线。相贯线是两回转体表面共有点的集合，相贯线一般为闭合的空间曲线，特殊情况下为平面曲线。

1. 利用圆柱面的积聚性求相贯线

两回转体相交，若其中一个是轴线垂直于投影面的圆柱，则交线在该投影面上的投影必在圆柱面具有积聚性的投影圆上。利用这一特性，可在交线上取若干点，按回转体表面上取点的方法作出交线的其他投影。

图 2-37 为不同直径的两个圆柱垂直相交，相贯线为闭合的空间曲线。由于轴线为铅垂圆柱的水平投影和轴为侧垂线的圆柱的侧面投影都有积聚性，所以交线的水平投影和侧面投影分别积聚在它们具有积聚性的圆周上，因此，只要求作交线的正面投影即可。因为交线的前后对称，所以在其正面投影中，可见的前半部分与不可见的后半部分重合，并且左右对称。

作图步骤是：首先作出两圆柱的三视图，然后作出特殊位置点Ⅰ（最左最上点）、Ⅱ（最前最下点）、Ⅲ（最右最上点）、Ⅳ（最后最下点）的三面投影，接着再作出四个一般位置点（一般沿着 45°斜线取对称点）——A、B、C 和 D，依次作出此四点的三面投影，最后依次光滑连接各点，即可作出相贯线的正面投影，见图 2-37(b)。

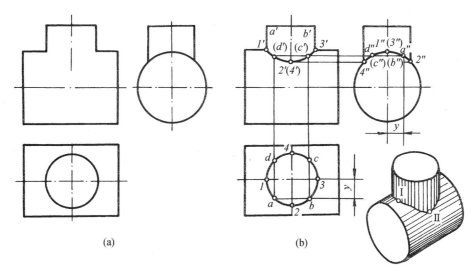

图 2-37　利用积聚性求两圆柱体相贯线的作图方法

　　相贯的两圆柱体既可以是外表面也可以是内表面，其相贯线的形状和画法都是相同的，如图 2-38 所示。

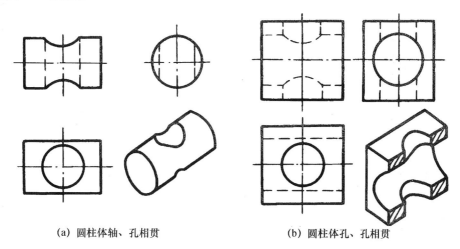

（a）圆柱体轴、孔相贯　　　　　　（b）圆柱体孔、孔相贯

图 2-38　两圆柱正交的常见情况

2. 相贯线的简化画法

　　在工程上，经常遇到两圆柱垂直相交的情况，为了简化作图，允许用圆弧代替非圆曲线。如图 2-39 所示，轴线正交、直径不等的两圆柱体相贯，相贯线的正面投影以大圆柱的半径为半径、小圆柱的回转轴线为圆心画圆弧即可。

3. 相贯线的特殊情况

　　在一般情况下，相贯线为空间曲线，但在特殊情况下可为平面曲线或直线。

　　当两圆柱体直径相等且轴线正交时，相贯线为椭圆。如果该椭圆垂直于投影面，则一面投影积聚为直线，一面投影积聚在圆上，如图 2-40 所示。

　　当相贯的两个回转体具有公共轴线时，相贯线为垂直于公共轴线的圆。如图 2-41 所示，圆柱分别与球和圆台同轴相交，相贯线为水平圆，该圆的正面投影积聚为直线，水平投影反映圆的实形。

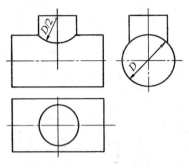

图 2-39　相贯线的简化画法

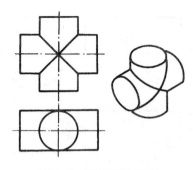

图 2-40　相贯线为椭圆

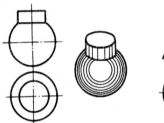

图 2-41　相贯线为圆

2.5　几何体的尺寸注法

2.5.1　基本体的尺寸注法

1. 平面立体

　　平面立体一般应注出其底面尺寸和高度，如图 2-42 所示。底面为正多边形时，可标注其外接圆直径（（b）图）；底面为正方形时，可用"边长×边长"或"□边长"形式标注（（c）图）；正六棱柱的底面也可标注其对边距（（d）图）。

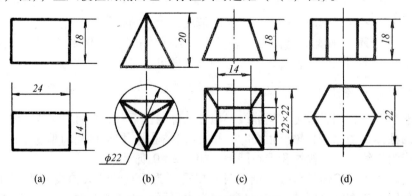

图 2-42　平面立体的尺寸注法

2. 曲面立体

　　圆柱、圆锥应标注底圆直径和高度尺寸，直径最好注在非圆视图上，在直径尺寸数字前要加注"ϕ"。而球要在尺寸数字前加注"$S\phi$"或"SR"，见图 2-43。

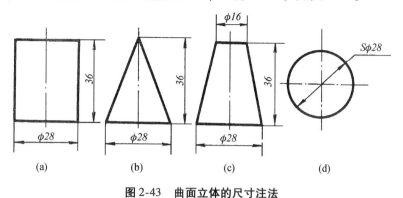

图 2-43　曲面立体的尺寸注法

2.5.2　截断体的尺寸注法

　　截断体除了应注出基本体的尺寸外，还应注出截平面的位置尺寸。当基本形体与截平面之间的相对位置被尺寸限定后，截断体的形状和大小就已经完全确定，截交线也就确定了，因此截交线就不须标注尺寸了。如图 2-44 所示，图中带"×"的尺寸就是不须注出的尺寸。

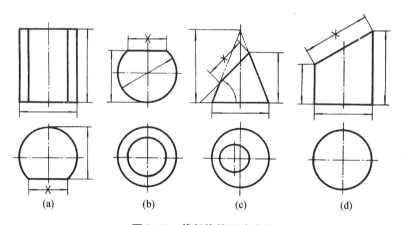

图 2-44　截断体的尺寸注法

2.5.3　相贯体的尺寸注法

　　相贯体除了应注出相贯两形体各自的尺寸外，还应注出两形体之间的相对位置尺寸。同截断体的尺寸注法一样，此时就不须注出相贯线的尺寸了，如图 2-45 所示。

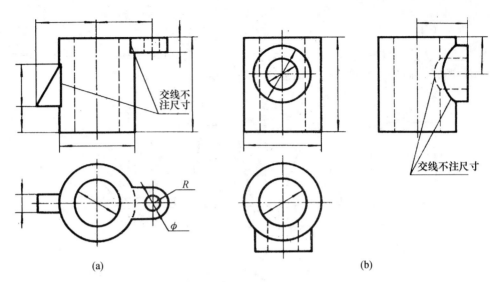

图 2-45　相贯体的尺寸注法

2.5.4　切口体的尺寸注法

切口体首先要标注出没有被切口时立体的尺寸，然后再注出切口的形状尺寸，对于不对称切口还要注出确定切口位置的尺寸，如图 2-46 所示。

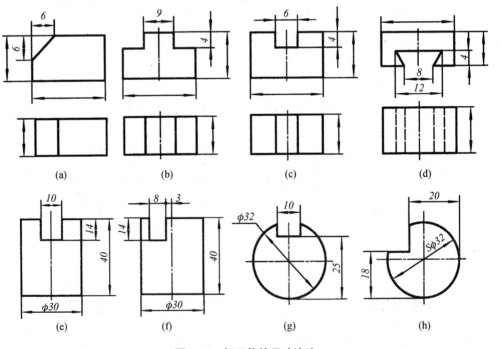

图 2-46　切口体的尺寸注法

第3章　组合体的三视图

就形体的角度来分析，任何机器零件都可以看成是由一些简单的基本体经过叠加或切割等方式组合而成的。这种由两个或两个以上的基本体组合而成的物体称为组合体。

掌握组合体的画图与读图的方法十分重要，这将为进一步学习零件图的绘制与识读打下基础。

3.1　组合体的形体分析法

3.1.1　组合体的组合形式及其表面连接关系

1. 组合体的组合形式

组合体的组合形式，通常分为叠加型、切割型和综合型三种。叠加型组合体是由若干基本体叠加而成的，如图 3-1(a) 所示的简化螺栓就是由六棱柱和圆柱叠加而成的；切割型组合体可看成是由基本体经过切割或穿孔后形成的，如图 3-1(b) 所示的简化螺母是由六棱柱经过中心切割穿孔以后形成的；综合型组合体则是既有叠加又有切割，如图 3-1(c) 所示的轴承座是由四个基本体经叠加再分别切去三个圆柱体形成的，综合型是组合体最常见的组合形式。

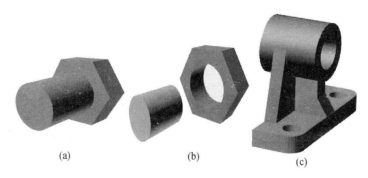

(a)　　　　　　(b)　　　　　　(c)

图 3-1　组合体的组合形式

2. 组合体相邻表面的连接关系

组合体相邻表面连接时构成一个完整的平面，称为平齐。若两形体表面平齐，则画图时不可用线隔开，如图 3-2 所示。反之，组合体相邻表面连接时相互错开，称为不平齐。两形体表面不平齐时，两表面投影的分界处应用粗实线隔开，如图 3-3 所示。

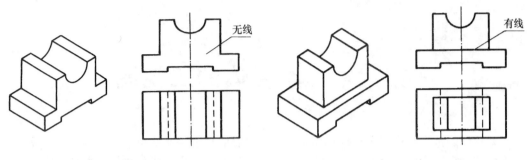

图 3-2 表面平齐的画法   图 3-3 表面不平齐的画法

当两个形体表面（平面与曲面或曲面与曲面）光滑连接时称为相切。相切处无分界线，在视图上不应该画线，如图 3-4 所示的组合体由耳板和圆筒组成，耳板前、后面与圆柱面相切，无交线，故主、左视图相切处不画线，耳板上表面的投影按三等关系画至切点处。

两个基本体表面相交是另外一种组合体表面邻接的形式，两表面相交时产生截交线或相贯线，应在视图中按投影规律画出其投影。

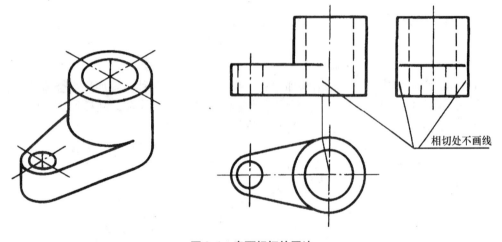

图 3-4 表面相切的画法

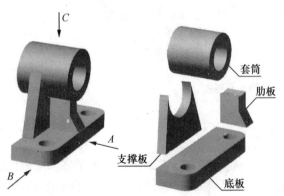

图 3-5 组合体的形体分析

3.1.2 形体分析法

假想把组合体分解成若干个基本形体，分清它们的形状、组合形式和相对位置，分析它们的表面连接关系以及投影特性，这种分析的方法就称为形体分析法。

如图 3-5 所示的轴承座，根据其形体特点，可将其假想分解成底板、套筒、支撑板和肋板四个部分，这四部分以叠加的形式组合在一起。可以看出，分解以后的基本形体可以是一个基本体，也可以是一个基本体经过一定的切割或者基本体的简单组合。分解以后的各部分形体必须简单明了。

分析基本体的相对位置：轴承座的左右对称，支撑板与肋板一前一后在底板的上面，套筒的后表面伸出支撑板的后表面。

分析基本体之间的表面连接关系：支撑板的后面与底板的后面平齐，支撑板的左右侧面与套筒表面相切，前表面与套筒相交；肋板的左右侧面及前表面与圆筒相交，底板的顶面与支撑板、肋板的底面重合。

化整为零的分析，使复杂的问题简单化，从而可方便快速地解决问题。形体分析法是组合体画图、读图和尺寸标注过程中用到的一种最基本的方法。

3.2　组合体三视图的画法

3.2.1　画组合体三视图的方法与步骤

1. 形体分析

画图之前，应先对组合体进行形体分析。了解该组合体由哪些形体所组成。分析各组成部分的结构特点，它们之间的相对位置和组合形式，以及各形体之间的表面连接关系，从而对该组合体的形体特点有个总的概念。

2. 选择主视图

先选择主视图的投射方向，一般应选择能够反映组合体各组成部分的形状和相对位置的方向作为主视图的投射方向；再定主视图的位置，为使投影能得到实形，便于作图，应使物体主要平面和投影面平行；同时考虑组合体的自然安放位置，并要兼顾其他两个视图表达的清晰性，虚线要尽量少。如图 3-5 所示的轴承座，在箭头所指的各个投射方向中，选择 A 向作为主视图的投射方向比较合理。主视图选定后，俯视图和左视图也就随着确定了。

3. 选比例、定图幅，布置视图

视图确定后，应根据组合体的大小和复杂程度，按照国标要求选择比例和图幅。在表达清晰的前提下，尽可能选用 1:1 的比例。图幅的大小既要考虑到绘图所占的面积，还要留足标注尺寸和标题栏的位置。布置视图时要确定各视图的位置。

4. 作图步骤

首先布置视图，画出作图基准线，即对称中心线、主要回转体的轴线、底面及重要端面的位置线。

其次画图，画图的顺序为：先画主要部分，后画次要部分；先画基本形体，再画切口、穿孔等局部形体。画图时，组合体的每一部分应该是三个视图配合画，每部分应从反映形状特征和位置特征最明显的视图入手，然后通过三等关系，画出其他两面投影，而不要先画完一个视图，再画另一个视图。这样，不但可以避免多线、漏线，还可提高画图效率。

最后，应认真检查底稿，尤其要考虑各形体之间表面连接处的投影是否正确。确认无误后，按标准线型描深，完成全图。

3.2.2　画图举例

1. 叠加型组合体示例

例 3-1　画出图 3-5 所示组合体的三视图。

形体分析见前，作图步骤如图 3-6 所示。

2. 切割型组合体示例

例 3-2　画出图 3-7 所示组合体的三视图。

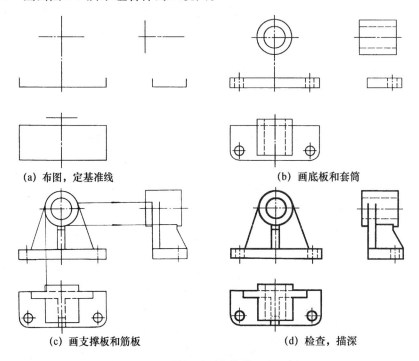

(a) 布图，定基准线　　(b) 画底板和套筒

(c) 画支撑板和筋板　　(d) 检查，描深

图 3-6　叠加型组合体的画图示例

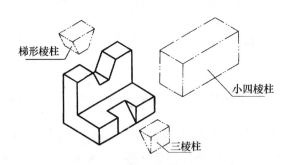

梯形棱柱　　小四棱柱　　三棱柱

图 3-7　切割型组合体的形体分析

首先进行形体分析：切割型组合体可以看成是由一个基本体被切去某些部分后形成

的。图 3-7 所示的组合体可以看成是一个四棱柱依次切去正四棱柱（前上）、梯形棱柱（后上）和三棱柱（前下）几部分后形成的，各部分形体左右都是对称的。它们的切割位置如图 3-7 的细双点画线所示。其次确定主视图投射方向：如图 3-8(a) 所示 A 向。

画切割型组合体的三视图时，应先画出切割前完整基本体的三视图，然后按照切割过程逐一画出被切部分的投影，从而得到切割体的三视图。具体画图步骤如图 3-8 所示。

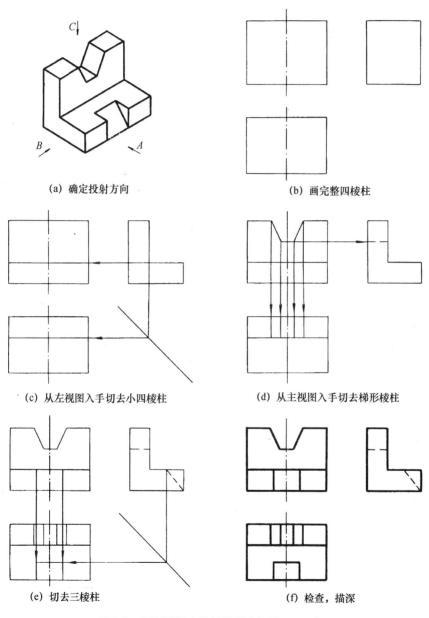

(a) 确定投射方向　　　　(b) 画完整四棱柱

(c) 从左视图入手切去小四棱柱　　　　(d) 从主视图入手切去梯形棱柱

(e) 切去三棱柱　　　　(f) 检查，描深

图 3-8　切割型组合体的投射方向及画图示例

3.3 组合体的尺寸标注

3.3.1 尺寸基准

标注尺寸的起点即为尺寸基准。由于组合体具有长、宽、高三个方向，所以每个方向至少应有一个尺寸基准。基准的确定应体现组合体的结构特点，一般选择组合体的对称平面、底面、较大的端面及回转体的轴线等作为尺寸基准。如图 3-9 所示的轴承座，选择轴承座左右对称平面、底板的后端面及底板的底面分别作为长、宽、高三个方向的尺寸基准。基准一旦选定，组合体的主要尺寸就应从基准出发进行标注。

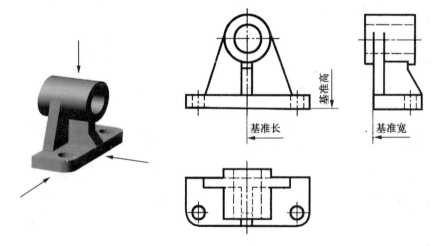

图 3-9 尺寸基准的选择

3.3.2 尺寸种类

1. 定形尺寸

确定组合体中各组成部分大小的尺寸，称为定形尺寸。如图 3-9 所示的轴承座，各部分的定形尺寸如图 3-10 所示：底板长 60、宽 22、高 6，两圆孔直径 $\phi6$，圆弧半径 $R6$；支撑板长 42，宽 6，高 26，圆孔直径 $\phi22$；肋板长 6，宽 10、16，高 13、26，圆弧直径 $\phi22$；套筒直径 $\phi14$、$\phi22$，宽 24。

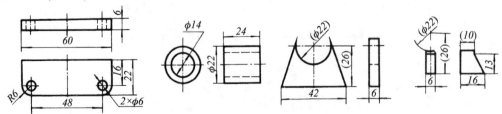

图 3-10 轴承座各组成部分的定形尺寸

2. 定位尺寸

确定组合体各组成部分之间相对位置的尺寸，称为定位尺寸。如图 3-11 所示，俯视图中的 16 和 48 分别是底板上两圆孔长度和宽度方向的定位尺寸，即钻孔的位置。主视图中的 32 是套筒在高度方向的定位尺寸。左视图中的 6 是套筒在宽度方向的定位尺寸。当对称形体处于对称平面上，或形体之间接触或平齐时，其位置可直接确定，不须注出其定位尺寸。需要注意的是：定位尺寸必须从基准直接注出。

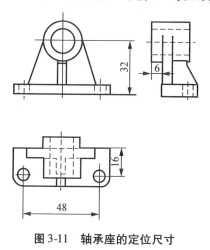

图 3-11　轴承座的定位尺寸　　　　　　图 3-12　轴承座的总体尺寸

3. 总体尺寸

确定组合体外形大小的尺寸，即总长、总宽、总高的尺寸，称为总体尺寸。如图 3-12 中底板的定形尺寸 60 也是轴承座的总长尺寸，总宽尺寸由底板的宽度 22 和定位尺寸 6 决定，总高尺寸由套筒直径 $\phi22$ 及定位尺寸 32 确定。轴承座的总体尺寸就标注全了。此时须注意：组合体的一端或两端为回转体时，为明确回转体的确切位置，常将总体尺寸注到回转体的轴线位置，而不直接注出，以避免重复。

3.3.3　标注尺寸的基本要求

标注尺寸的基本要求是：正确、完整和清晰。

所谓正确是指标注尺寸的数值应正确无误，注法符合国家标准规定。完整是指标注的尺寸应能完全确定物体的形状和大小，既不重复，也不遗漏。清晰是指尺寸布置应清晰，便于标注和看图。为了保证尺寸标注的清晰，应注意以下几个方面。

（1）为使图形清晰，应尽量将尺寸注在视图外面，相邻视图有关尺寸最好注在两视图之间，并应尽量避免标注在虚线上，以便于看图。如图 3-13（a）中孔径 $\phi6$ 注在左视图上就是为避免尺寸注在虚线上。

（2）同一形体定形尺寸和定位尺寸要尽量集中标注在一个视图上，并尽可能标注在反映该形体形状特征的视图上。

（3）圆柱、圆锥的直径最好注在非圆视图上，圆弧半径必须注在投影为圆弧的视图上。如图 3-13（a）中的孔径 $\phi15$、$\phi10$，圆弧半径 $R10$。

（4）同方向平行尺寸，应使小尺寸在内，大尺寸在外，间隔均匀，依次向外分布，尽量避免尺寸界限与尺寸线相交，以免影响看图。同一方向串联尺寸，箭头应首尾相连，排在同一直线上。如图 3-13（a）中的 12、8 和 26。

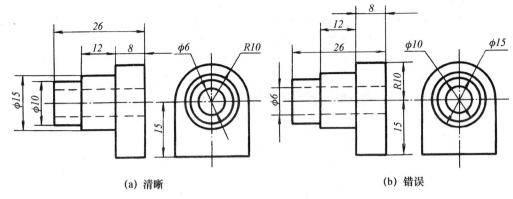

(a) 清晰　　　　　　　　　　　　　　　　(b) 错误

图 3-13　清晰的标注尺寸

3.3.4　标注尺寸的步骤

标注组合体的尺寸时，应首先进行形体分析，选择尺寸基准，然后依次注出定形尺寸、定位尺寸及总体尺寸，最后进行核对、调整，使所标注的尺寸正确、完整、清晰。经过这些步骤后的轴承座尺寸标注见图 3-14。

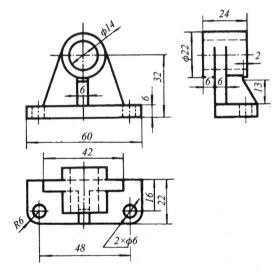

图 3-14　轴承座尺寸标注示例

3.4　组合体的看图方法

画图，是运用正投影原理将物体画成视图以表达物体形状的过程；看图，是根据给定的视图，经过形体分析及投影分析，想象物体形状的过程。

3.4.1　看图的要点

1. 要搞清楚视图中图线及线框的含义

视图中的每条图线，可能是曲面体的转向轮廓素线的投影，或两表面的交线的投影，也可能是具有积聚性的立体表面的投影。如图 3-15 中的 $1'$ 表示圆柱面的最下转向轮廓素线的投影，$2'$ 表示六棱柱前下和后下两侧面的交线的投影，$3'$ 表示六棱柱左面具有积聚性的投影。

视图上一个封闭的线框，通常表示物体上的一个表面（平面或曲面）的投影。如图 3-15 中的线框 a' 表示六棱柱前上面的投影，线框 b' 表示六棱柱前面的投影。

视图上相邻的两个封闭线框，一般情况下表示物体上位置不同的面。如图 3-15 中的线框 a' 与 b' 表示两个相交的表面。

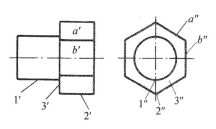

图 3-15　视图中线条与线框的含义

视图上一个大封闭线框内所包含的各个小线框，一般情况下表示在大的立体上凸出或凹下的各个小立体。如图 3-15 中六边形线框里包含一个圆表示六棱柱上凸起的圆柱。

2. 几个视图联系起来看图

由于每个视图都是从物体的一个方向投射而得到的图形，因而一般情况下，一个视图无法确定物体的形状。如图 3-16 所示主视图相同，而俯视图不同，因此各自的形状也就不同。有时，即使两个视图都相同，物体的形状也不能唯一确定。如图 3-17 所示主、俯视图完全一样，根据不同的左视图，可看出所示物体分别表示了不同的形状。因此，看图时一定要将几个视图联系起来识读，才可能得到物体的真实形状。

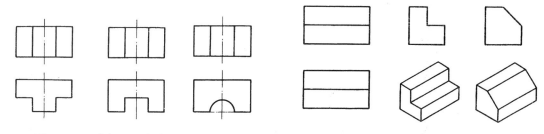

图 3-16　一个视图不能确定物体的形状　　　　**图 3-17　两个视图不能确定物体的形状**

3. 要熟悉视图中的形体表达特征

三视图中每个视图都有各自的表达内容。其中最能反映物体形状特征的视图称为形状特征视图，善于抓住形状特征视图，想象形状就很容易；而反映各形体之间相对位置最为明显的视图称为位置特征视图，只有抓住物体的位置特征视图，才可想象出形体之间的相对位置。若形状和位置都明确了，视图也就看懂了。

在学过的各类基本体的三视图中，若有两个视图的轮廓形状为矩形，则该基本体应为柱；若为三角形，则该基本体应为锥；若为梯形，则该基本体应为棱台或圆台。要想明确

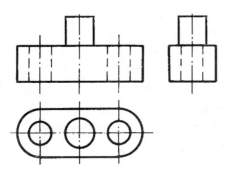

图3-18　抓住形状和位置特征看图

判断上述基本体是棱柱（棱锥、棱台）还是圆柱（圆锥、圆台），还必须借助第三个视图的形状。若为多边形，该基本体就为棱柱（棱锥、棱台）；若为圆，则该基本体就为圆柱（圆锥、圆台）。只要把这些基本体的形体表达特征熟练掌握好，就能方便及快速地读图了。

如图3-18所示的三视图，通过观察，可以判断出俯视图是形状特征明显的视图，由此就能想象出它的形状：半圆头的长方体上还有三个圆柱；按投影关系找出长方体和三个圆柱的其他视图的投影，

在主视图上很容易判断出中间圆柱叠加在长方体上，另外两个圆柱被穿孔切割掉了，即主视图为位置特征明显的视图。只要抓住主、俯这两个视图配合看，即使不要左视图，也能想象出它的形状和相对位置。

4. 要善于结合尺寸来看图

尺寸是图样的一个重要内容，在看图时不能忽略。结合尺寸看图可以节省视图的数量。如图3-19所示，结合尺寸标注，只要一个视图就可以看懂图形。

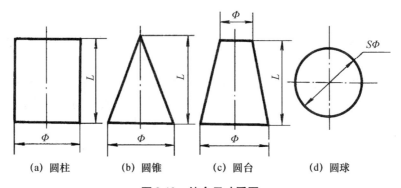

| (a) 圆柱 | (b) 圆锥 | (c) 圆台 | (d) 圆球 |

图3-19　结合尺寸看图

3.4.2　看图的基本方法和步骤

1. 形体分析法

看图的基本方法与画图的一样，也是应用形体分析法。形体分析法就是在看图时通过形体分析，将物体分解成几个简单线框（部分），再经过投影分析，想象出物体每部分的形状，并确定其相对位置、组合形式和表面连接关系，最后经过归纳、综合得出物体的完整形状。

2. 看图一般步骤

（1）抓住特征分部分：由于画图时主视图都尽可能地反映了物体的形状结构特征，因此，在分部分时一般从主视图入手，将每一个闭合的线框分解成一部分，在分部分时要抓大放小，一般只抓实线框。如图3-20(a) 所示，将主视图分解成 *A*、*B* 和 *C* 三部分。

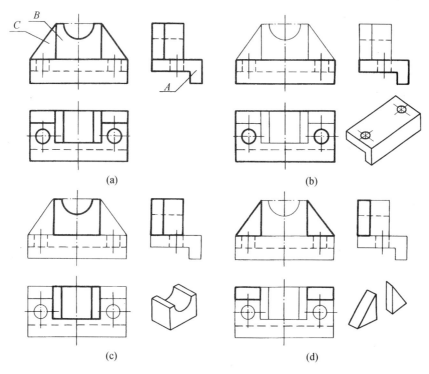

图 3-20　形体分析法看图步骤

（2）投影分析想象形状：将物体分解为几个组成部分之后，就依据三等关系找出每部分的对应投影。由于物体的每一部分的形状特征和位置特征并非集中在同一个视图上，而是每一个视图可能都有一些，因此要从每一部分的形状特征明显的视图入手，想象出每部分的形状。如图 3-20 所示，形体 A 从左视图出发，结合主、俯视图中的对应投影，经分析为"L"形矩形板，钻有两个圆柱孔，见（b）图；形体 B 从主视图出发，根据三等关系，在其他视图中找出对应投影，经过分析可知为长方体上部切掉一个半圆柱，见（c）图；经过同样的分析，形体 C 为三棱柱，见（d）图。

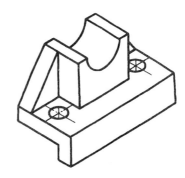

图 3-21　综合组合体各部分的形状

（3）综合起来想象整体：想象出每部分的形状之后，再结合位置特征明显的视图进行分析，根据三视图搞清楚形体间的相对位置、组合形式和表面连接关系等，综合想象出物体的完整形状。如图 3-21 所示，通过对三视图的分析，可知长方体 B 在底座 A 上方，左右对称且后面平齐；三棱柱在长方体 B 左右两侧，后面也平齐。

3.4.3　看图训练方法

在看图练习中，通常要求补画视图中所缺的图线，或要求由已知的两个视图补画第三个视图，这是检验和提高看图能力的常见方法，也是提高空间想象和思维能力的有效途径。

1. 补画缺线

视图虽然缺线，但表达的物体却是确定的。补画缺线通常分两步进行：首先，根据视图当中的已知图线，利用形体分析的看图方法想象出物体的形状，找出缺线的视图；然后，在看懂图的基础上，依据投影规律，从视图中特征明显之处入手，在另外两个视图中，分别找出对应投影，缺一处补一处。

例3-3　补画图 3-22 所示视图中的缺线。

根据视图中给出的图线，可以看出该物体是一个 L 形板，分别切去左前角三棱柱、后角左右对称的三棱柱和带有半圆的长方体，三个视图均有缺线。

后角左右对称的三棱柱和带有半圆的长方体从主视图出发，补出俯、左视图中所缺的图线；左前角三棱柱从俯视图出发，补出主、左视图所缺的图线。见图 3-22。

2. 补画视图

补画视图实质是看图与画图的综合训练，一般可分两步进行：首先根据已给出的两个视图，利用形体分析法想象出物体的形状；然后在看懂图的基础上补画第三视图。作图时，可根据投影规律，按照物体的组成部分逐一作出第三投影。

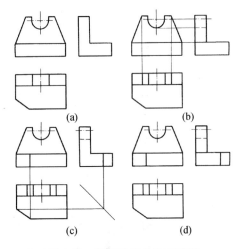

图 3-22　补画缺线的作图步骤

例3-4　补画图 3-23(a) 所示的左视图。

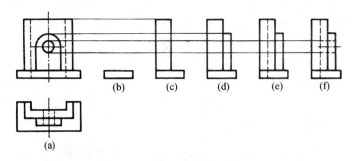

图 3-23　补画视图的作图步骤

根据给出的主、俯视图，可以看出该物体由底板、立板和靠板三部分依次叠加后切去长方槽和圆柱体而组成。

　　作图时，按照先叠加后切割的顺序即可补出左视图，见图 3-23(b)～(f)。

　　补画完缺线和第三视图之后，还应进行全面的检查。即根据三视图重新想象物体的形状，查漏补缺，检查无误后描深。

第4章　机件的表达方法

在实际生产中，机件的结构形状千差万别，有的用前面介绍的三个视图不能表达清楚，还需要采用其他表示法。为此，国家标准《技术制图》、《机械制图》中规定了视图、剖视图和断面图等多种图样画法。熟悉这些基本的表达方法，就可以根据不同机件的结构特点，从中选取适当的表示方法，从而完整、简便地表达各种机件的内外结构形状，并可以快速地看懂图样所表达的内容。

4.1　视　　图

4.1.1　基本要求

1. 画法选择要求

技术制图规定："技术图样应采用正投影法绘制，并优先采用第一角画法。必要时（如按合同规定等）允许使用第三角画法。"

世界上多数国家（如中国等）都是采用第一角画法，但有些国家（如美国等）则采用第三角画法。为了便于国际间的技术交流和协作，我们应该对第三角画法有所了解。

图 4-1 为三个互相垂直相交的投影面，将空间分为八个部分，每部分为一个分角，依次为第 I、II、III……VIII 分角。

第一角画法是将物体放在第 I 分角内（H 面之上、V 面之前、W 面之左），使物体处于观察者与投影面之间，即保持视线—物体—投影面的位置关系，然后用正投影法获得视图的方法。

第三角画法是将物体放在第 III 分角内（H 面之下、V 面之后、W 面之左），使物体处于视线—投影面—物体的位置关系（假想投影面是透明的），然后用正投影法获得视图的方法。如图 4-2 所示为采用第一角和第三角画法时两者之间位置关系的变化，第三角画法中俯视图在主视图的上方，右视图在主视图的右方。

采用第三角画法时，必须在图样中画出第三角投影的识别符号，一般标在标题栏上方即可。图 4-3 为第一角和第三角画法的识别符号。

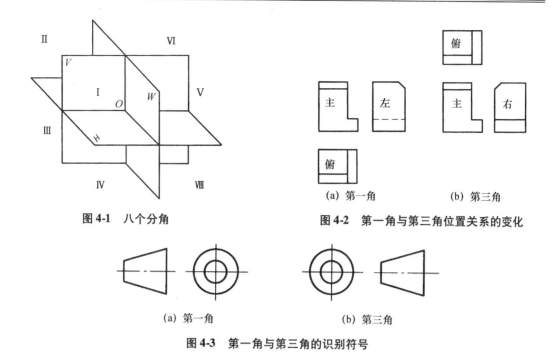

图 4-1　八个分角

图 4-2　第一角与第三角位置关系的变化

(a) 第一角　　　(b) 第三角

图 4-3　第一角与第三角的识别符号

2. 图样绘制要求

绘制技术图样时，应首先考虑看图方便。根据物体的结构特点，选用适当的表示方法。在完整、清晰地表示物体形状的前提下，力求制图简便。

4.1.2　视图选择

表示物体信息量最多的那个视图应作为主视图，通常是物体的工作位置、加工位置或安装位置。当需要其他视图（包括剖视图和断面图）时，应按下述原则选取：

（1）在明确表示物体的前提下，使视图（包括剖视图和断面图）的数量为最少。

（2）尽量避免使用虚线表示物体的轮廓及棱线。

（3）避免不必要的细节重复。

4.1.3　视图

视图通常有基本视图、向视图、局部视图和斜视图，主要用来表达机件的外部结构形状。视图的画法应遵守 GB/T 17451—1998、GB/T 4458.1—2002 的规定。

1. 基本视图

将机件向基本投影面投射所得的视图，称为基本视图。基本投影面共有六个，见图 4-4(a)。将物体置于六个基本投影面中间分别向每个投影面进行正投影就得到了六个基本视图：主视图（从前向后投射）、俯视图（从上向下投射）、左视图（从左向右投射）、右视图（从右向左投射）、仰视图（从下向上投射）和后视图（从后向前投射）。

六个基本投影面的展开方法是：规定正立面不动，其他投影面按图 4-4(b) 所示的箭头方向展开至与正立面处于同一平面上。展开后六个基本视图的配置关系如图 4-5 所示，此时一律不注视图名称，它们仍保持"长对正、高平齐、宽相等"的投影关系，即主、俯、仰、后长相等，其中主、俯、仰长对正，主、左、右、后高平齐，俯、左、右、仰宽相等。

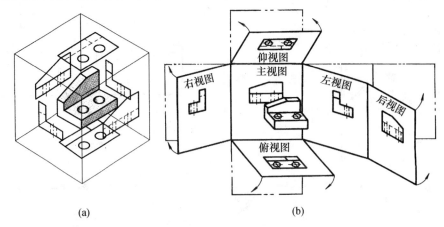

(a)　　　　　　　　　　　　(b)

图4-4　六个基本视图的形成

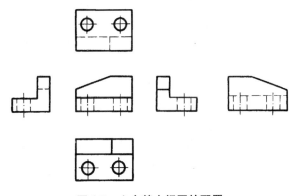

图4-5　六个基本视图的配置

2. 向视图

向视图是可以自由配置的视图。当基本视图不能按规定的位置配置时，可采用向视图的表达方式。采用向视图时必须进行标注：在向视图的上方用大写拉丁字母标注该向视图的名称，在相应视图附近用箭头指明投射方向，并注上相同的字母，如图4-6所示。

需要注意的是：表示投射方向的箭头应尽量配置在主视图上，后视图的投影方向应在左右两个向视图中任选，这样就可避免画错方位。

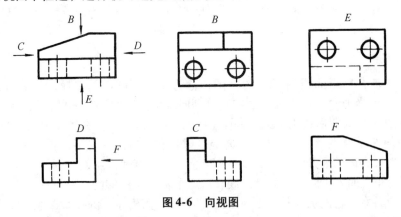

图4-6　向视图

3. 局部视图

将机件的某一部分向基本投影面投射所得的图形称为局部视图，如图 4-7(a) 所示的机件，若选用主、俯两个基本视图，其主要形体已表达清楚，但还有左右两个凸台的形状尚未表达清楚，若因此再画两个完整的基本视图（左视图和右视图），则大部分投影重复。如果只画出未表达清楚的那一部分，就要应用局部视图。这样表达机件既清楚又避免了不必要的重复，如图 4-7(b) 所示。

局部视图既可按基本视图的配置形式配置，如图 4-7(b) 中的 A；又可按向视图的配置形式配置，如图 4-7(b) 中的 B；还可按第三角画法配置在视图上所需表示物体局部结构的附近，并用细点画线将两者相连，如图 4-8 所示。

画局部视图时，其断裂边界应以波浪线或双折线表示；当所表示的局部结构是完整的，且外轮廓线又成封闭时，则不必画出断裂边界线，如图 4-7(b) 中的 B。

标注局部视图时，通常在其上方用大写的拉丁字母标出视图的名称，在相应视图附近用箭头指明投射方向，并注上相同的字母，如图 4-7(b) 所示。当局部视图按基本视图配置，中间又没有其他图形隔开时，则不必标注，如图 4-7 中 A 向可省略不注。

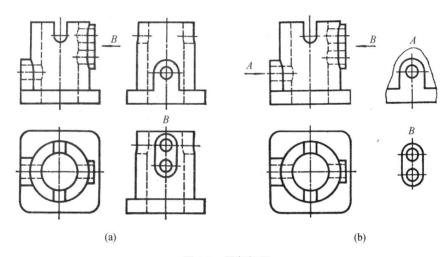

(a)　　　　　　　　　　　　　　　　(b)

图 4-7　局部视图

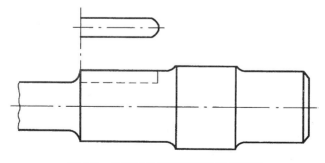

图 4-8　按第三角画法配置的局部视图

4. 斜视图

将机件向不平行于任何基本投影面的平面投射所得的视图称为斜视图。

如图4-9(a) 所示的机件，其右上方具有倾斜结构，在俯、左视图上均不能反映实形，这给画图和看图带来困难，且不便于标注尺寸。这时，可选用一个平行于倾斜部分的投影面，按箭头所示投影方向在投影面上作出该倾斜部分的投影，即为斜视图。由于斜视图常用于表达机件上倾斜部分的实形，因此，机件的其余部分不必全部画出，而可用双折线（或波浪线）断开。

斜视图通常按向视图的配置形式配置并标注，如图4-9(a) 所示；必要时，允许将斜视图旋转配置，此时，应标注旋转符号，表示该视图名称的大写拉丁字母应靠近旋转符号的箭头端，如图4-9(b) 所示；也允许将旋转角度标注在字母之后，如图4-9(c) 所示。

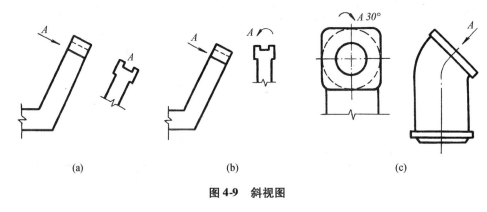

(a)   (b)   (c)

图4-9 斜视图

4.2 剖 视 图

当机件的内部结构比较复杂时，视图上会出现较多虚线而使图形不清晰，不便于看图和标注尺寸。为了清晰地表达机件的内部结构形状，常采用剖视图的表达方法。剖视图的画法应遵守 GB/T 17452～17453—1998、GB/T 4458.6—2002 的规定。

4.2.1 剖视图概述

1. 剖视图的概念

假想用剖切面剖开机件，将处在观察者与剖切面之间的部分移去，而将其余部分向投影面投射所得的图形称为剖视图，简称剖视。剖视图的形成过程如图4-10(a) 所示。图4-10(b) 中的主视图即为机件的剖视图。

2. 剖面符号

机件被假想剖开后，剖切面与机件的接触部分称为剖面区域。在此区域要画出剖面符号，以便区分机件的实体部分和空心部分。机件的材料不同，其剖面符号也不同，国家标准规定：当不须在剖面区域中表示材料的类别时，可采用通用剖面线表示。

通用剖面线应以适当角度的细实线绘制，最好与主要轮廓或剖面区域的对角线成 45°，如图 4-11（a）所示。必要时，也可以采用 30°或 60°等适当角度绘制，如图 4-11（b）所示。

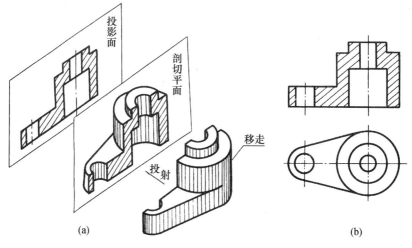

图 4-10　剖视图及其形成过程

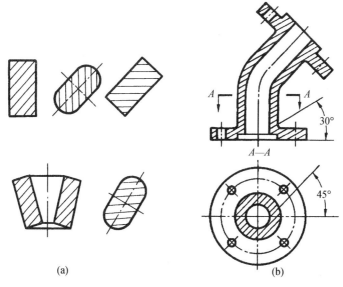

图 4-11　通用剖面线画法

3. 剖视图的配置

剖视图应尽量配置在基本视图位置，如图 4-12 中的 $B—B$ 所示。如果无法配置在基本视图位置，也可按投影关系配置在与剖切符号相对应的位置，如图 4-12 中的 $A—A$ 所示，必要时允许配置在其他适当位置。

4. 剖视图的标注

剖视图一般应进行标注，以指明剖切位置，指示视图间的投影关系，以避免造成看图错误。剖视图标注的内容包括三个要素：

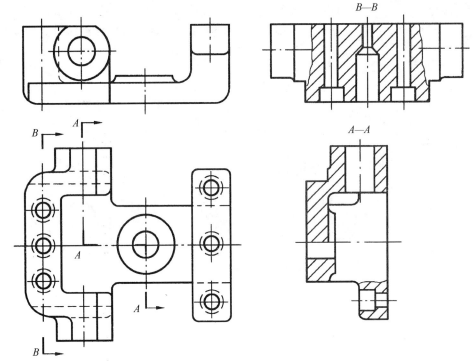

图 4-12　剖视图的配置

（1）剖切线　是指示剖切面位置的线，用细点画线表示。

（2）剖切符号　是指示剖切面起、讫和转折位置（用粗实线表示）及投射方向（用箭头表示）的符号。

（3）字母　应注写在剖视图上方，用以表示剖视图名称的大写拉丁字母。为便于看图时的查找，应在剖切符号附近注写相同的字母。

以上三要素的组合标注如图 4-13 所示。在同一张图样上，应尽量选用同一种标注形式。

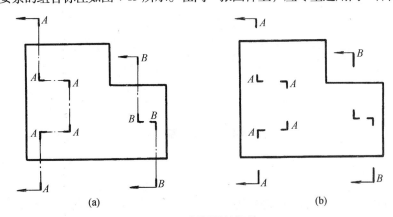

(a)　　　　　　　　　　　　(b)

图 4-13　剖视图的标注

标注时，一般应在剖视图的上方标出剖视图的名称"X—X"，在相应的视图上用剖切符号表示剖切位置和投射方向，并标注相同的字母，如图 4-12 所示。当剖视图按投影关系配置，中间又无其他图形隔开时，可省略表示投射方向的箭头，如图 4-12 中 A—A 的箭头是可以省略的；当单一剖切平面通过机件的对称或基本对称平面，且剖视按投影关系配置，中间又无图隔开时，可不必标注，如图 4-10(b) 中的主视图。

5. 剖视图的画法

首先，确定剖切面的位置。一般用平面作为剖切面（也可用柱面）。为了清楚地表达机件内部结构的真实形状，剖切平面通常平行于投影面，并且尽量通过机件的对称平面或内部孔、槽等结构的轴线，如图 4-10(a) 所示。

其次，画剖视图。先画剖切平面与机件实体接触部分的投影，即剖面区域的轮廓线，然后再画出剖切区域之后的机件可见部分的投影，如图 4-10(b) 中的主视图。

最后，在剖面区域内画出剖面线。

6. 画剖视图应注意的问题

（1）画剖视图时，剖切平面后的可见轮廓线必须全部画出，不得遗漏，图 4-14(c) 中的主视图就漏线了。

（2）由于剖切是假想的，当机件的某个视图画成剖视图后，其他视图仍应按完整机件画出。图 4-14(c) 中的俯视图只画了一半，是错误的。

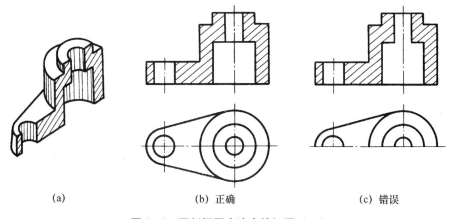

(a)　　　　　　　(b) 正确　　　　　　　(c) 错误

图 4-14　画剖视图应注意的问题（一）

（3）凡剖视图中已经表达清楚的结构，在其他视图中的虚线可以省略不画。但必须保留那些不画就无法表达机件形状结构的虚线，如图 4-15 所示。

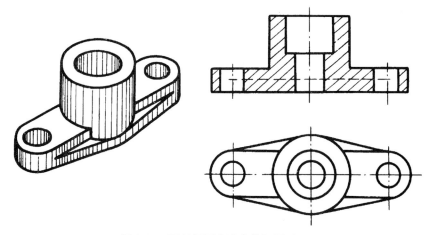

图 4-15　画剖视图应注意的问题（二）

4.2.2　剖切面的分类

根据机件内部结构形状的特点和表达需要，国家标准规定了单一剖切面、几个平行的剖切面和几个相交的剖切面三种剖切面供绘图时选用。

1. 单一剖切面

当机件的内部结构位于一个剖切面上时，可选用一个剖切面将机件整体或局部剖开来获得剖视图。单一剖切面可以是平行于基本投影面的平面，如图 4-16(a) 所示的主视图；也可以是垂直于某一基本投影面的平面，如图 4-16(a) 所示 A—A；还可以是柱面，如图 4-16(b) 所示，采用柱面剖切时，剖视图应按展开方式绘制。

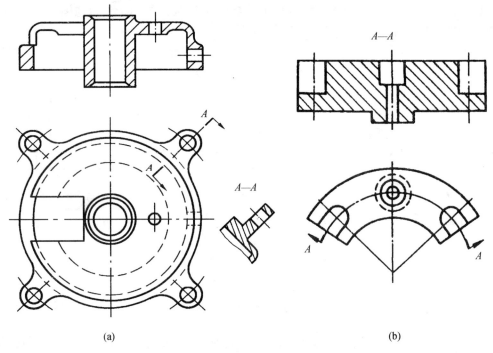

(a)　　　　　　　　　　　　　　　　　　　　(b)

图 4-16　单一剖切面获得的剖视图

2. 几个平行的剖切平面

当机件的内部结构位于几个平行平面上时，可采用几个平行的剖切平面来获得剖视图。如图 4-17(a)、4-18(a) 所示，机件上几个孔的轴线不在同一平面内，如果用一个剖切平面剖切，则不能将内部形状全部表达出来。为此，需要采用两个互相平行的剖切平面沿不同位置孔的轴线剖切，这样才可在一个剖视图上把几个孔的形状表达清楚。

要正确选择剖切平面的位置，在图形内就不应出现不完整要素。当在图形内出现不完整要素时，应适当调配剖切平面的位置，如图 4-17 所示，(b) 图用椭圆圈出部分出现不完整要素，是错误的。

采用几个平行的剖切平面剖开机件所绘制的剖视图，规定要表示在同一图形上，所以不能在剖视图中画出各剖切平面的交线，如图 4-18 所示，(b) 图用椭圆圈出部分画出了剖切平面的交线，是错误的。

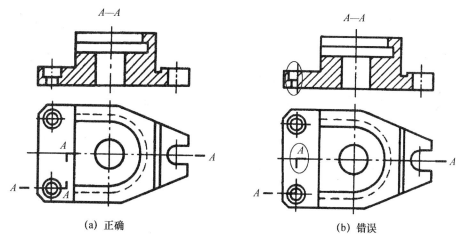

(a) 正确   (b) 错误

图 4-17　两个平行的剖切平面获得的剖视图（一）

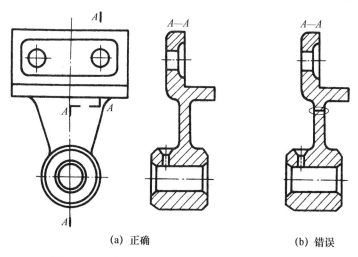

(a) 正确   (b) 错误

图 4-18　两个平行的剖切平面获得的剖视图（二）

　　当机件上的两个要素在图形上具有公共对称中心线或轴线时，可以各画一半。此时应以对称中心线或轴线为界，如图 4-12 的 A—A 所示。

3. 几个相交的剖切面

　　当机件的内部结构用单一剖切面不能表达清楚时，可用几个相交的剖切平面来获得剖视图。用几个相交的剖切平面获得的剖视图应旋转到一个投影平面上。采用这种方法画剖视图时，先假想按剖切位置剖开机件，然后将被剖切平面剖开的结构及其有关部分旋转到与选定的投影面平行再进行投射，相交的剖切平面可以是两个或两个以上，但它们的交线必须垂直于某一投影平面，如图 4-19 所示。

　　在剖切平面后的其他结构，一般仍按原来位置投射，如图 4-20 中的油孔。当剖切后产生不完整要素时，应将此部分按不剖绘制，如图 4-21 中的臂。

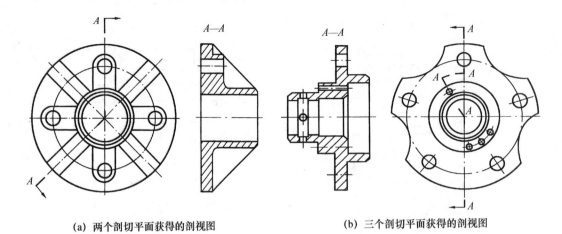

(a) 两个剖切平面获得的剖视图　　　　　　　　　(b) 三个剖切平面获得的剖视图

图 4-19　旋转绘制的剖视图

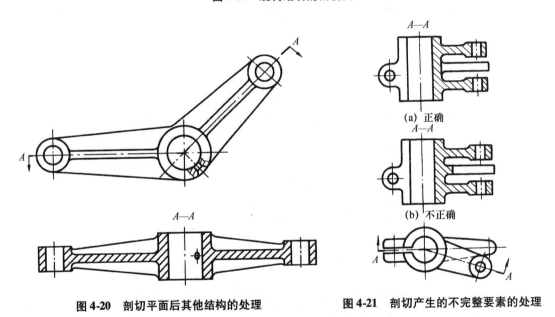

图 4-20　剖切平面后其他结构的处理　　　　　**图 4-21　剖切产生的不完整要素的处理**

4.2.3　剖视图的种类及其应用

根据剖视图被剖切的范围，可将其分为全剖视图、半剖视图和局部剖视图三种。

1. 全剖视图

用剖切面完全地剖开机件所得的剖视图称为全剖视图，适用于表达外形比较简单，而内部结构形状比较复杂且不对称的机件，如图 4-14～4-18 中的主视图。

同一机件可以假想进行多次剖切，画出多个剖视图，如图 4-12 所示。此时须注意，各剖视图的剖面线方向和间隔应完全一致。在图 4-19(a) 的左视图、图 4-20 的俯视图所表示的全剖视图中，由于剖切平面通过机件上的肋板，按国家标准规定，对于机件的肋、轮辐及薄壁等，如按纵向剖切，这些结构都不画剖面符号，而以粗实线将它们与其邻接部分分开，所以主视图中肋板的轮廓范围内不画剖面线。

2. 半剖视图

当机件具有对称平面时，向垂直于对称平面的投影面上投射所得的图形，可以对称中心线为界，一半画成剖视图，另一半画成视图，这种剖视图称为半剖视图。半剖视图既表达了机件的内部形状，又保留了外部形状，所以常用于表达内、外形状都比较复杂的对称机件。如图 4-22 所示，机件左右和前后都对称，所以它的主视图、俯视图和左视图都画成半剖视图。半剖视图中剖视部分的位置通常是：主视图中位于对称线右侧；俯视图中位于对称线下方；左视图中位于对称线右侧。

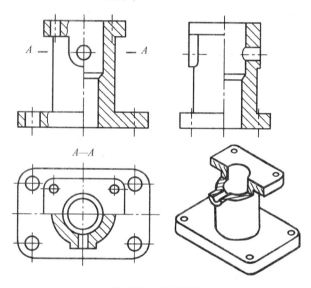

图 4-22 半剖视图

必须注意，半个剖视图与半个视图的分界线应为细点画线，不得画成粗实线。机件内部形状已在半剖视图中表达清楚的，在另一半表达外形的视图中一般不再画出虚线。看图时，以半个视图对称想象机件的外部形状，以半个剖视图对称想象机件的内部形状，综合在一起就将机件的内外结构看懂了。

当机件的形状接近对称，且不对称部分已另有图形表达清楚时，也可画成半剖视图，如图 4-23 所示。

3. 局部剖视图

用剖切面局部地剖切机件所得的剖视图称为局部剖

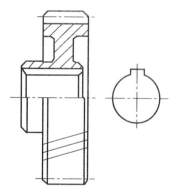

图 4-23 机件接近对称的半剖视图

视图，主要用于表达机件的局部内部形状结构或实心机件，如轴、杆、螺钉等上面的孔或槽等，以及对称机件的轮廓线与中心线重合，不宜采用半剖视图时等。局部剖视图的剖切位置和剖切范围可根据需要而定，是一种比较灵活的表达方法，如能运用得当，可使图形表达得简洁而清晰。

如图 4-24 所示的箱体，其顶部有一矩形孔，底板上有四个安装孔，箱体的前后、左右、上下都不对称。为了兼顾内外结构形状的表达，将主视图画成两个不同剖切位置的局部剖视图。在俯视图上，为了保留顶部的外形，也采用了局部剖视图。

当单一剖切平面的剖切位置明确时，局部剖视图不必标注，如图4-24所示。

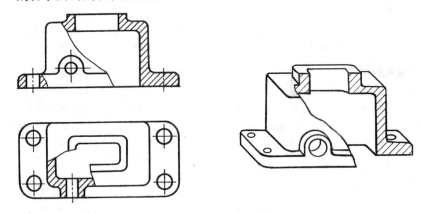

图4-24　局部剖视图

局部剖视图存在一个被剖部分与未剖部分的分界线，这是局部剖视图与全剖视图的主要区别。这个分界线可用波浪线表示，如图4-24所示；为了方便计算机绘图，也可采用双折线表示，如图4-25所示。

波浪线应画在机件的实体上，不能超出实体的轮廓线，也不能画在机件的中空处，如图4-26(a)所示；波浪线不能画在轮廓线的延长线上，也不能用轮廓线代替或与图样上其他图线重合，如图4-26(b)所示。

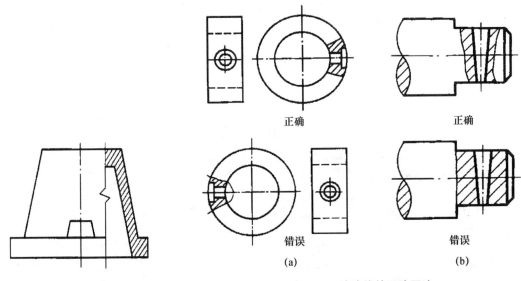

图4-25　用双折线表示分界线　　　　图4-26　波浪线的正确画法

当被剖的局部结构为回转体时，允许将该结构的中心线作为局部剖视图与视图的分界线，如图4-27所示；当被剖的局部结构不是回转体时，就不能以其中心线为界，只能以波浪线作为分界线，如图4-28所示。

在绘制局部剖视图时，有两种表示形式，一种是直接在原视图上表示，即用波浪线或中心线作为被剖部分和未剖部分的分界线，如图4-24～4-28所示；而另一种则是移出原视图表示，必要时，移出原视图的局部剖视图可旋转绘制，如图4-16(a)中A—A所示。

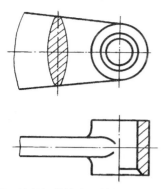

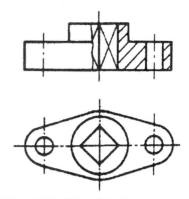

图 4-27　被剖切结构为回转体的局部剖视图　　　　图 4-28　被剖切结构不是回转体的局部剖视图

4.3　断　面　图

4.3.1　断面图的概念

假想用剖切面将机件的某处切断，仅画出该剖切面与机件接触部分的图形，称为断面图。常采用断面图来表达机件上某些结构的断面形状，这种方法既可以使图形清晰，又便于标注尺寸。

如图 4-29 所示的轴，主视图上表明了键槽的形状和位置，若在左视图中用虚线表示键槽的深度，则图形很不清晰。此时采用断面图来表达就很方便。

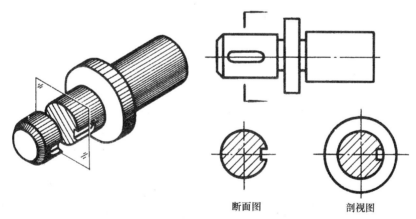

断面图　　　　　　　剖视图

图 4-29　断面图的形成及其与剖视图的区别

断面图与剖视图的区别在于：断面图仅画被剖切后断面的形状，而剖视图除画出断面的形状外，还要画出位于剖切平面后的形状。

4.3.2　断面图的种类

根据断面图在图中配置的不同，可分为移出断面图和重合断面图两种。

1. 移出断面图

画在视图外的断面图称为移出断面图。移出断面图的轮廓线用粗实线画出。如图 4-30

所示。由两个或多个相交的剖切平面剖切机件所得到的移出断面图一般应断开绘制，如图4-31 所示。当剖切平面通过回转面形成的孔和凹坑的轴线时，这些结构按剖视绘制，如图4-32 所示；当剖切平面通过非圆孔，会导致出现两个完全分离的断面时，则其结构应按剖视绘制，如图4-32 所示。

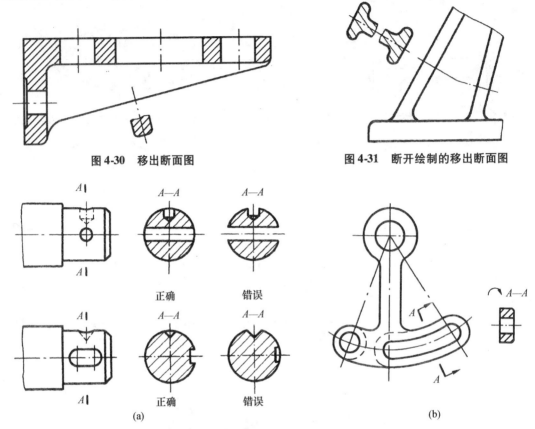

图 4-30　移出断面图　　　　　　　　图 4-31　断开绘制的移出断面图

(a)　　　　　　　　　　　　　　(b)

图 4-32　按剖视图要求绘制的移出断面图

移出断面图通常配置在剖切线的延长线上，如图4-30、图4-31 所示，必要时允许画在其他适当的位置，如图4-32(a) 中的 A—A。在不致引起误解时，允许将图形旋转，其标注形式如图4-32(b) 中的 A—A；当断面图形对称时，移出断面图可配置在视图的中断处，如图4-33 所示。

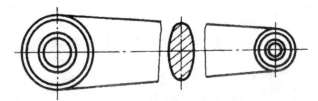

图 4-33　配置在视图中断处的移出断面图

2. 重合断面图

画在视图之内的断面图称为重合断面图。重合断面图的轮廓线用细实线绘制。当视图中的轮廓线与重合断面图的图形重叠时，视图中的轮廓线仍应连续画出，不可间断，如图4-34 所示。

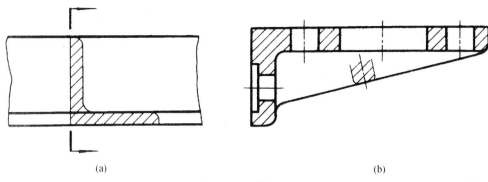

(a)　　　　　　　　　　　　　　　　　　　(b)

图 4-34　重合断面图

4.3.3　断面图的标注

一般应用大写的拉丁字母标注移出断面图的名称"$X—X$"，在相应的视图上用剖切符号表示剖切位置和投射方向（用箭头表示），并标注相同的字母，见图 4-35：$B—B$。剖切符号之间的剖切线可省略不画。

配置在剖切符号延长线上的不对称移出断面不必标注字母，见图 4-29 和图 4-35：$A—A$。不配置在剖切符号延长线上的对称移出断面（见图 4-35：$C—C$），以及按投影关系配置的移出断面图（见图 4-32（a）：$A—A$），一般不必标注箭头。配置在剖切线延长线上的对称移出断面，不必标注字母和箭头. 见图 4-30 及图 4-31。

不对称的重合断面图可省略标注，见图 4-34（a）。对称的重合断面图（图 4-34（b））及配置在视图中断处的对称移出断面图（图 4-33）不必标注。

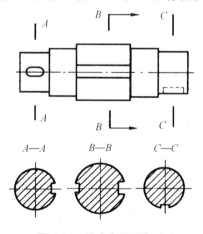

图 4-35　移出断面图标注

4.4　其他表达方法

4.4.1　局部放大图

局部放大图是将机件的部分结构用大于原图形所采用的比例画出的图形。局部放大图可画成视图、剖视图、断面图，应尽量配置在放大部位的附近，并应用细实线圈出被放大的部位。当同一机件上有几个被放大的部分时，必须用罗马数字依次标明被放大的部位，并在局部放大图的上方标出相应的罗马数字和所采用的比例，见图 4-36（a）。

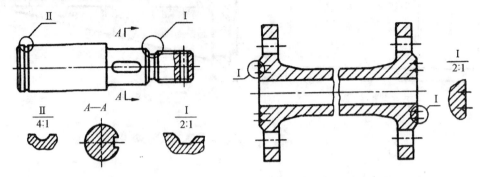

(a) 有几个被放大部分的局部放大图　　　　　　(b) 被放大部位图形相同的局部放大图

图 4-36　局部放大图的画法

对于同一机件上不同部位的放大图，当图形相同或对称时，只须画出一个，如图 4-36（b）所示。

4.4.2　简化画法

1. 机件的肋、轮辐及薄壁画法

对于机件的肋、轮辐及薄壁，如按纵向剖切，这些结构都不画剖面符号，而用粗实线将它与其邻接部分分开。当机件回转体上均匀分布的肋、轮辐、孔等结构不处于剖切平面上时，可将这些结构旋转到剖切平面上画出，如图 4-37 所示。

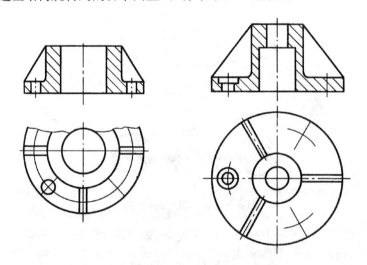

图 4-37　机件上肋、轮辐及薄壁的简化画法

2. 相同结构的画法

当机件上有按规律分布的相同结构要素（如齿、槽、孔等）时，允许只画出其中一个或几个完整结构，其余的可用细实线连接或仅画出它们的中心位置，如图 4-38 所示。

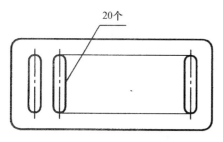
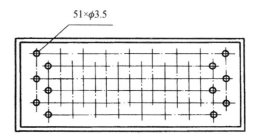

图 4-38　相同结构的简化画法

3. 对称机件的画法

在不致引起误解时,对称机件的视图可只画一半或 1/4,并在对称中心线的两端画出两条与其垂直的平行细线,如图 4-39 所示。

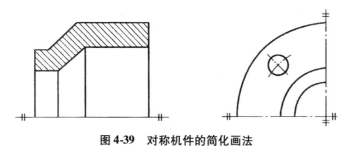

图 4-39　对称机件的简化画法

4. 倾斜圆或圆弧画法

与投影面倾斜角度小于或等于 30°的圆或圆弧,其投影可用圆或圆弧代替真实投影的椭圆,如图 4-40 所示。

5. 平面画法

当回转零件上的平面在图形中不能充分表达时,可用两条相交的细实线表示这些平面,如图 4-41 所示。

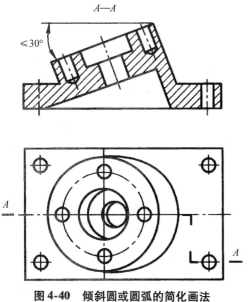

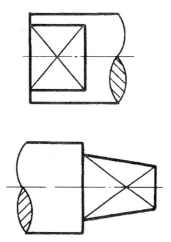

图 4-40　倾斜圆或圆弧的简化画法　　　　　**图 4-41　回转体上平面的简化画法**

6. 省略剖面符号及涂色、点阵画法

在不致引起误解的情况下，剖面区域内的剖面线可省略，如图 4-42(a)，也可以用涂色或点阵代替剖面线，如图 4-42(b)。

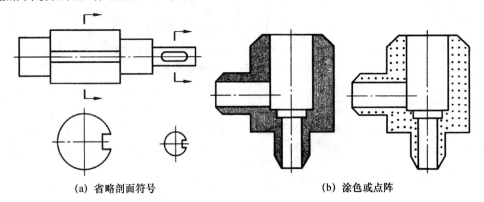

(a) 省略剖面符号　　　　　　　　　　(b) 涂色或点阵

图 4-42　剖面符号的简化画法

7. 较长件画法

较长的机件（如轴、杆、型材或连杆等）沿长度方向的形状一致或按一定规律变化时，允许断开后缩短绘制，但标注尺寸时仍标注其实际尺寸，如图 4-43 所示。

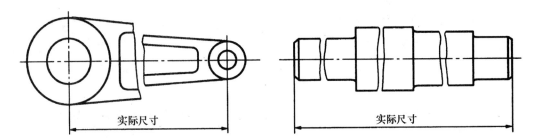

图 4-43　较长机件的简化画法

第5章　常用机件的表示法

在机器或部件中，对一些应用广泛的机件，通常由专门工厂成批或大量生产。为满足互换性的要求，可将其结构和尺寸全部实行标准化，这些零件称为标准件，如螺栓、螺母、螺钉、垫圈、键、销等；还可将零件的结构和参数实行部分标准化，称为常用件，如齿轮和蜗轮、蜗杆及弹簧等；还可将标准化的零件装配成部件，组成标准部件，如轴承等。

为便于绘图和读图，对常用机件及其上形状比较复杂的结构要素，不必按其真实投影绘制，而是按照国家标准规定的画法和标记方法进行绘图和标注。

本章将介绍螺纹、螺纹紧固件、齿轮、键、销、弹簧和滚动轴承的表示法。

5.1　螺　　　纹

5.1.1　螺纹的形成、要素和结构

1. 螺纹的形成

螺纹是在圆柱或圆锥表面上，沿着螺旋线所形成的具有规定牙型的连续凸起。在圆柱或圆锥外表面上形成的螺纹称为外螺纹，在内表面上形成的螺纹称为内螺纹。

形成螺纹的加工方法很多，图 5-1(a) 为在车床上车制外螺纹。图 5-1(b) 和 (c) 为内螺纹的加工顺序和一种加工方法。

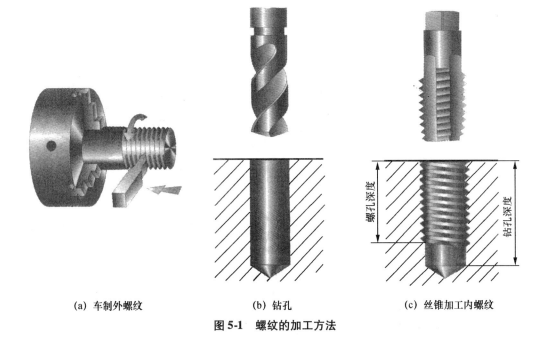

| (a) 车制外螺纹 | (b) 钻孔 | (c) 丝锥加工内螺纹 |

图 5-1　螺纹的加工方法

2. 螺纹要素

螺纹的牙型、直径、线数、螺距、旋向等称为螺纹的要素，内外螺纹配对使用时，上述要素必须一致。

沿螺纹轴线剖切时，螺纹牙齿轮廓的剖面形状称为牙型。螺纹的牙型有三角形、梯形、锯齿形等。不同的螺纹牙型，有不同的用途。

与外螺纹牙顶或内螺纹牙底相重合的假想圆柱面的直径称为大径（内、外螺纹分别用 D、d 表示），也称为螺纹的公称直径；与外螺纹牙底或内螺纹牙顶相重合的假想圆柱面的直径称为小径（内、外螺纹分别用 D_1、d_1 表示）；在大径与小径之间，其母线通过牙型沟槽宽度和凸起宽度相等的假想圆柱面的直径称为中径（内、外螺纹分别用 D_2、d_2 表示），如图 5-2 所示。

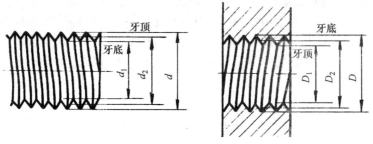

图 5-2　螺纹的直径

螺纹有单线和多线之分，沿一条螺旋线形成的螺纹为单线螺纹；沿轴向等距分布的两条或两条以上的螺旋线形成的螺纹为多线螺纹，如图 5-3 所示，（a）为单线螺纹，（b）为双线螺纹。线数用 n 表示。

相邻两牙在中径线上对应两点之间的轴向距离称为螺距，用 P 表示。同一螺旋线上相邻两牙在中径线上对应两点之间的轴向距离称为导程，用 Ph 表示。导程与螺距的关系为：$Ph = P \times n$。

螺纹有右旋和左旋之分，按顺时针方向旋转时旋进的螺纹称为右旋螺纹，按逆时针方向旋转时旋进的螺纹称为左旋螺纹。判别的方法是将螺杆轴线铅垂放置，面对螺纹，若螺纹自左向右升起，则为右旋螺纹，反之则为左旋螺纹，如图 5-4 所示。常用的螺纹多为右旋螺纹。

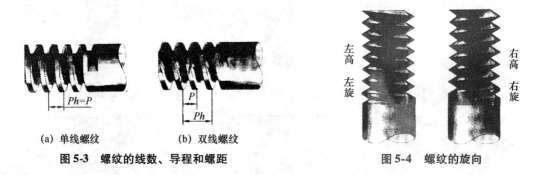

（a）单线螺纹　　　（b）双线螺纹
图 5-3　螺纹的线数、导程和螺距　　　　　　　　图 5-4　螺纹的旋向

在螺纹诸要素中，牙型、大径和螺距是决定螺纹结构规格的最基本的要素，称为螺纹三要素。螺纹三要素符合国家标准的称为标准螺纹。而牙型符合标准，直径或螺距不符合标准的称为特殊螺纹；对于牙型不符合标准的，称为非标准螺纹。

3. 螺纹的结构

为了便于装配和防止螺纹起始圈损坏，常将螺纹的起始处加工成一定的形式，如倒角、倒圆等，如图5-5(a) 所示。

　　车削螺纹时，刀具接近螺纹末尾处要逐渐离开工件，因此螺纹收尾部分的牙型是不完整的，螺纹的这一段牙型不完整的收尾部分称为螺尾，如图5-5(b) 所示。为了避免产生螺尾，可以预先在螺纹末尾处加工出退刀槽，然后再车削螺纹，如图5-5(c) 所示。

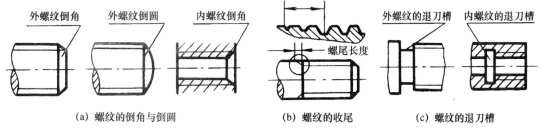

(a) 螺纹的倒角与倒圆　　　　　　(b) 螺纹的收尾　　　　　(c) 螺纹的退刀槽

图 5-5　螺纹的结构

5.1.2　螺纹的规定画法

1. 单个螺纹画法

　　螺纹牙顶的投影用粗实线表示；牙底的投影用细实线表示，并画出螺杆的倒角或倒圆部分；在垂直于螺纹轴线的投影面的视图中，表示牙底圆的细实线只画约3/4 圈（空出的约1/4 圈的位置不做规定），此时，螺杆或螺孔上的倒角投影不应画出；有效螺纹的终止界线（简称螺纹终止线）用粗实线表示，螺尾部分一般不必画出；无论是外螺纹还是内螺纹，在剖视图和断面图中，剖面线都应画到粗实线，如图5-6 及5-7(a) 所示。绘制不穿通螺孔时一般应将钻孔深度与螺纹部分深度分别画出，如图5-7(a) 所示；不可见螺纹的所有图线用虚线绘制，如图5-7(b) 所示。

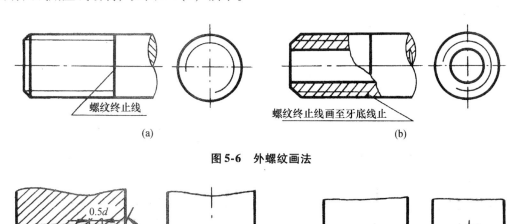

(a)

图 5-6　外螺纹画法

(a)　　　　　　　　　　　　　　(b)

图 5-7　内螺纹画法

当两螺孔相贯或螺孔与光孔相贯时，按图5-8所示绘制。

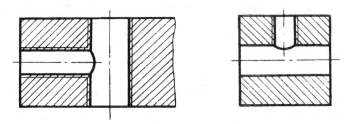

图5-8　螺孔相贯的画法

当需要表示牙型时，可用局部剖视图或局部放大图表示，如图5-9所示。

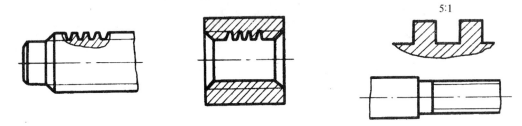

图5-9　螺纹牙型的表示方法

2. 螺纹连接的画法

用剖视图表示一对内外螺纹连接时，其旋合部分应按外螺纹的画法绘制，其余部分仍按各自的画法表示，如图5-10所示。绘图时须注意：表示内、外螺纹大、小径的粗细实线必须分别对齐，且与倒角大小无关。

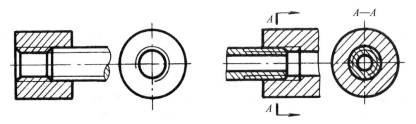

图5-10　螺纹连接的剖视画法

5.1.3　螺纹的种类、标记及标注

1. 螺纹的分类

通常螺纹按用途进行分类，可分为四类：紧固连接用螺纹，简称紧固螺纹，如普通螺纹；传动用螺纹，简称传动螺纹，如梯形螺纹；管用螺纹，简称管螺纹，如55°密封管螺纹；专门用途螺纹，简称专用螺纹，如自攻螺钉用螺纹。其中以普通螺纹应用最广。

2. 螺纹的标记

由于螺纹采用了规定的方法表示，使得螺纹的牙型及各部分的尺寸和精度要求无法一一标注在图形上。为此，国家标准规定了用螺纹标记的方法表示螺纹的设计要求。

普通螺纹的完整标记由螺纹特征代号、尺寸代号、公差带代号、旋合长度代号和旋向代号组成。

多线螺纹的尺寸代号为"公称直径 $\times Ph$ 螺距 P 导程"；单线螺纹的尺寸代号为"公称直径 $\times$ 螺距"，此时不必注写"Ph"和"P"字样；当为粗牙螺纹时不注螺距。

公差带代号（大写字母为内螺纹，小写为外螺纹）由中径公差带代号和顶径公差带代号组成；当中径与顶径公差带代号相同时，只注写一个公差带代号。

旋合长度代号，分 L（长）、N（中等）、S（短）三组，一般多采用中等旋合长度，其代号 N 省略不注。

旋向代号中，右旋不注，左旋用"LH"注出。

例如，某双线左旋普通螺纹，大径为 16，中径公差带为 5g，顶径公差带为 6g，长旋合长度，其标记为：M16 $\times$ Ph3P1.5—5g6g—L—LH；某单线右旋普通螺纹，公称直径为 8 mm，细牙，螺距为 1 mm，中径和顶径公差带均为 6H，其标记为：M8 $\times$ 1；当该螺纹为粗牙时，则标记为 M8。

其他常用标准螺纹的标记如表 5-1 所示。

表 5-1　常用标准螺纹的标记方法

螺纹类别		标准编号	特征代号	标记示例	附　注
普通螺纹		GB/T 197—2003	M	M10-5g6g-S M8 $\times$ 1-LH	
梯形螺纹		GB/T 5796.4—1986	Tr	Tr40 $\times$ 7-7H Tr40 $\times$ 14（P7）LH-7e	
锯齿形螺纹		GB/T 13576—1992	B	B40 $\times$ 7-7a B40 $\times$ 14（P7）LH-8c-L	
非螺纹密封的管螺纹		GB/T 7307—2001	G	G1$\frac{1}{2}$A G1/2-LH	外螺纹公差等级分 A 级和 B 级两种；内螺纹公差等级只有一种
用螺纹密封的管螺纹	圆锥外螺纹	GB/T 7306.1—7306.2—2001	R	R1/2-LH	内外螺纹均只有一种公差带，故省略不注
	圆锥内螺纹		Rc	Rc1$\frac{1}{2}$	
	圆柱内螺纹		Rp	Rp1/2	

3. 螺纹的图样标注

公称直径以 mm 为单位的螺纹，其标记应直接注在大径的尺寸线上或其引出线上，如图 5-11 所示；对于管螺纹，其标记一律注在引出线上，引出线应由大径处引出或由对称中心处引出，如图 5-12 所示。

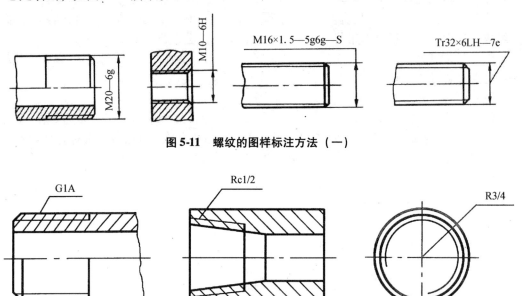

图 5-11　螺纹的图样标注方法（一）

图 5-12　螺纹的图样标注方法（二）

5.2　常 用 螺 纹 紧 固 件

螺纹紧固件就是运用一对内外螺纹的连接作用来连接和紧固的一些零部件。

5.2.1　常用螺纹紧固件及其标记

常用的螺纹紧固件有螺栓、螺柱、螺钉、螺母和垫圈等。其结构和尺寸均已标准化，使用时按规定标记选用即可。表 5-2 为常用螺纹紧固件的标记示例。

表 5-2　常用螺纹紧固件的标记示例

名　称	图　例	规定标记示例
六角头螺栓	M12　50	螺栓 GB/T 5782—2000　M12×50

（续表）

名　　称	图　　例	规定标记示例
双头螺柱	M12 50	螺柱 GB/T 898—1988　　M12×50
开槽 盘头 螺钉	M10 45	螺钉 GB/T 67—2000　　M10×45
Ⅰ型 六角 螺母	M16	螺母 GB/T 6170—2000　　M16
Ⅰ型 六角 开槽 螺母	M16	螺母 GB/T 6178—1986　　M16
平垫圈	φ17	垫圈 GB/T 97.1—2002　　16‐140HV
弹簧垫圈	φ20.2	垫圈 GB/T93—1987　　20

5.2.2　螺栓连接

　　螺栓连接由螺栓、螺母、弹簧垫圈等组成，用于连接两个不太厚并能钻成通孔的零件。

1. 螺栓连接的比例画法

单个螺纹紧固件的画法可根据公称直径查附表或有关标准，得出各部分的尺寸。但在绘制螺栓、螺母和垫圈时，通常按螺栓的螺纹规格 d、螺母的螺纹规格 D、垫圈的公称尺寸 d 进行比例折算，得出各部分尺寸后按近似画法画出，如图 5-13 所示。

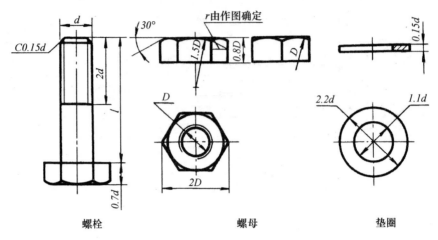

螺栓　　　　　　　　　　螺母　　　　　　　　垫圈

图 5-13　单个紧固件的近似画法

螺栓的公称长度 l，应查阅垫圈、螺母的表格得出 h、m_{max}，再加上被连接零件的厚度等，经计算后选定。从图 5-14 可知螺栓长度：

$$l = \delta_1 + \delta_2 + h + m_{max} + a$$

其中 a 是螺栓伸出螺母的长度，一般可取 $0.3d$ 左右（d 是螺栓的螺纹规格，即公称直径）。按上式计算得出数值后，应从相应的螺栓标准所规定的长度系列中，选取合适的 l 值。

螺栓连接的画法如图 5-14 所示。将螺栓穿入被连接的两零件上的通孔中，再套上弹簧垫圈，然后拧紧螺母。螺栓连接是一种可拆卸的紧固方式。

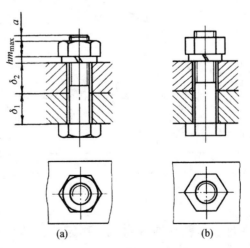

(a)　　　　　　　　　　(b)

图 5-14　螺栓连接的画法

2. 螺纹紧固件在装配图中的规定画法

在装配图中，两零件的接触面只画一条线，非接触面画两条线；在剖视图中，相邻的两零件的剖面线方向应相反，或方向一致但间隔不等；当剖切平面通过螺杆的轴线时，对于螺栓、螺柱、螺钉、螺母及垫圈等均按未剖切绘制，如图 5-14 所示。

螺纹紧固件的工艺结构，如倒角、退刀槽、缩颈、凸肩等均可省略不画，如图 5-14(b)所示。

5.2.3 双头螺柱连接

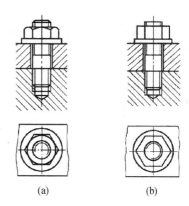

螺柱连接由螺柱、螺母、弹簧垫圈等组成，当被连接的两个零件中有一个较厚，不易钻成通孔时，可制成螺孔，采用螺柱连接。

螺柱连接画法如图 5-15 所示。画图时要注意旋入端应完全旋入螺孔中，旋入端的螺纹终止线应与两个被连接零件接触面平齐。不穿通的螺纹孔可不画出钻孔深度，仅按有效螺纹部分的深度画出，如图 5-15(b) 所示。

(a)　　　　　　(b)

图 5-15　双头螺柱连接的画法

5.2.4 螺钉连接

螺钉按用途可分为连接螺钉和紧定螺钉两种，螺钉连接一般用在不经常拆卸且受力不大的地方。

通常在较厚的零件上制出螺孔，在另一零件上加工出通孔。连接时，将螺钉穿过通孔旋入螺孔拧紧即可。螺钉的螺纹终止线应在螺孔顶面以上；螺钉头部的"一"字槽在端视图中应画成45°方向。对于不穿通的螺孔，可以不画出钻孔深度，仅按螺纹深度画出，如图 5-16 所示。

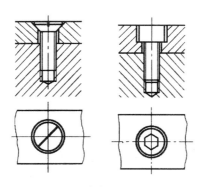

图 5-16　螺钉连接的画法

5.3　齿　　轮

齿轮是传动零件，不仅可以用来传递动力，还能改变转速和回转方向。齿轮的结构中只有轮齿部分采用标准结构，因此它属于标准常用件。

图 5-17 表示三种常见的齿轮传动形式。圆柱齿轮通常用于平行两轴之间的传动；锥齿轮用于相交两轴之间的传动；蜗杆与蜗轮则用于交叉两轴之间的传动。

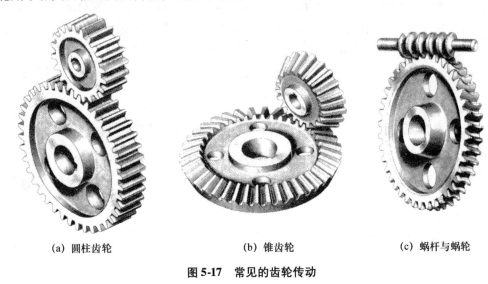

(a) 圆柱齿轮　　　　　　　(b) 锥齿轮　　　　　　　(c) 蜗杆与蜗轮

图 5-17　常见的齿轮传动

5.3.1　标准渐开线圆柱齿轮

圆柱齿轮按轮齿的方向不同分为直齿、斜齿和"人"字齿三种。

1. 直齿圆柱齿轮各部分名称

（1）齿顶圆、齿根圆、分度圆

如图 5-18 所示，垂直于齿轮轴线的平面称为端平面，包围轮齿顶部的圆柱面与端平面的交线称为齿顶圆，用 d_a 表示；包围轮齿根部的圆柱面与端平面的交线称为齿根圆，用 d_f 表示；在齿顶圆和齿根圆之间取一个设计和制造时作为计算齿轮各部分几何尺寸的基准圆，称为分度圆，用 d 表示。

（2）齿厚、槽宽、齿距

在分度圆上，齿轮单个齿廓凸起部分的弧长称为齿厚，用 s 表示；相邻两个齿廓之间凹下部分在分度圆上的弧长称为槽宽，用 e 表示；相邻两个轮齿同侧齿廓对应点之间在分度圆上的弧长称为齿距，用 p 表示。

（3）齿高、齿顶高、齿根高

齿顶圆与齿根圆之间的径向距离称为齿高，用 h 表示；齿顶圆与分度圆之间的径向距离称为齿顶高，用 h_a 表示；分度圆与齿根圆之间的径向距离称为齿根高，用 h_f 表示。

（4）齿宽

齿轮沿着平行轴线方向的长度称为齿宽，用 b 表示。

（5）中心距

如图 5-19 所示，两啮合齿轮轴线之间的距离称为中心距，用 a 表示。

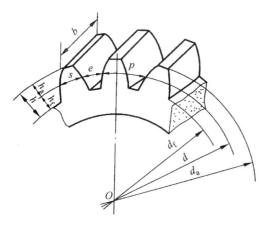

图 5-18　齿轮各部分名称代号

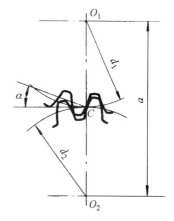

图 5-19　齿轮啮合传动示意图

2. 标准直齿圆柱齿轮的基本参数

齿形角、齿数和模数是标准直齿圆柱齿轮的基本参数。

两相啮合轮齿齿廓在啮合点 C 点的公法线与两分度圆的公切线之间所夹的锐角称为齿形角，又称为压力角，如图 5-19 所示，我国标准压力角为 20°。齿轮上轮齿的个数称为齿数，标准齿轮的齿数不少于 17。齿距与 π 的比值称为模数，用 m 表示，单位是 mm，模数是设计制造齿轮的重要参数，它代表了轮齿的大小。为便于设计和加工，国家规定了统一的标准模数系列，见表 5-3。

表 5-3　标准模数系列　　（摘自 GB/T 1357—1997）

第一系列	1　1.25　1.5　2.5　3　4　5　6　8　10　12　16　20　25　32　40　50
第二系列	1.75　2.25　2.75　3.5　4.5　5.5　7　9　14　18　22　28　36　45

3. 齿轮各部分的尺寸关系

当标准直齿轮的基本参数确定后，其他基本尺寸就可用公式计算，见表 5-4。

表 5-4　标准渐开线直齿圆柱齿轮基本尺寸计算公式

名　称	代　号	公　式	名　称	代　号	公　式
齿顶高	h_a	$h_a = m$	齿顶圆直径	d_a	$d_a = m(z+2)$
齿根高	h_f	$h_f = 1.25m$	齿根圆直径	d_f	$d_f = m(z-2.5)$
齿　高	h	$h = 2.25m$	中心距	a	$a = (d_1 + d_2)/2$
分度圆直径	d	$d = mz$			$= m(z_1 + z_2)/2$

4. 单个圆柱齿轮的规定画法

如图 5-20 所示，一般用两个视图表示单个齿轮，轮齿部分一般按规定画法绘制：齿顶圆和齿顶线用粗实线绘制；分度圆和分度线用细点画线绘制；齿根圆和齿根线用细实线绘制，也可省略不画；在剖视图中，齿根线用粗实线绘制；在剖视图中，当剖切平面通过齿轮的轴线时，轮齿一律按不剖处理；当需要表示齿线的特征时，可用三条与齿线方向一致的细实线表示，直齿则不须表示。轮齿外的部分按投影关系正常绘制。

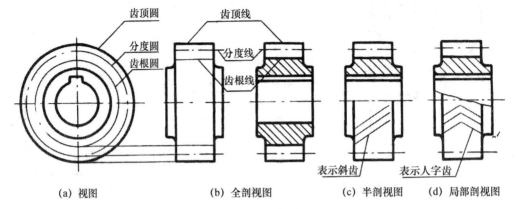

(a) 视图   (b) 全剖视图   (c) 半剖视图   (d) 局部剖视图

图 5-20   单个圆柱齿轮的规定画法

5. 圆柱齿轮啮合的规定画法

两齿轮的啮合画法，关键是啮合区的规定画法，其他部分仍按单个齿轮的规定画法绘制。啮合区的规定画法是：在平行于齿轮轴线的非圆投影的剖视图中，当剖切平面通过两啮合齿轮的轴线时，将一个齿轮的齿顶线用粗实线绘制，另一个齿轮的轮齿被遮挡的齿顶线用虚线绘制，见图 5-21（a）；两轮分度线重合，画细点画线，齿根线画粗实线，见图 5-21（a）。

在垂直于齿轮轴线投影为圆的视图中，两齿轮的分度圆相切，用细点画线绘出。啮合区内的齿顶圆均用粗实线绘制，见图 5-21（b），也可以省略不画，见图 5-21（c）。

在平行于齿轮轴线的投影平面的外形视图中，啮合区的齿顶线和齿根线不必画出，节线画成粗实线，见图 5-21（d）。

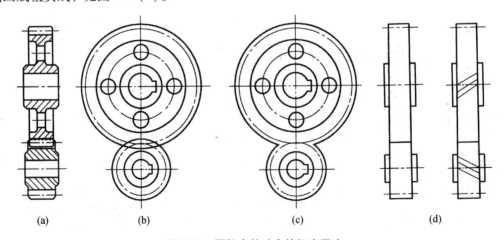

(a)   (b)   (c)   (d)

图 5-21   圆柱齿轮啮合的规定画法

5.3.2   直齿锥齿轮简介

锥齿轮的轮齿分布在圆锥面上，所以轮齿一端大，另一端小，其厚度和高度都沿着齿宽的方向逐渐变化，即直径和模数是变化的。为了计算和制造方便，规定锥齿轮大端的模数为标准模数。锥齿轮上其他尺寸都是根据大端模数来计算的，如分度圆直径 d、齿顶圆直径 d_a、齿根圆直径 d_f 等。与分度圆锥相垂直的一个圆锥称为背锥，齿顶高和齿根高是从背锥上量取的。直齿锥齿轮各部分名称如图 5-22 所示。

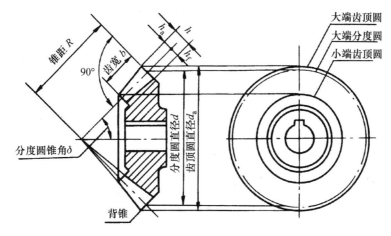

图 5-22　锥齿轮各部分名称、代号及画法

　　单个锥齿轮的规定画法如图 5-22 所示，主视图通常画成剖视图，轮齿仍按不剖绘制。在左视图中规定：表示大端和小端的齿顶圆用粗实线绘出；表示大端的分度圆用细点画线绘出；大、小端齿根圆和小端分度圆均不绘出。除轮齿按上述规定画法外，齿轮其他部分按投影画出。

　　锥齿轮的啮合画法如图 5-23 所示，啮合区的画法与直齿圆柱齿轮相同。

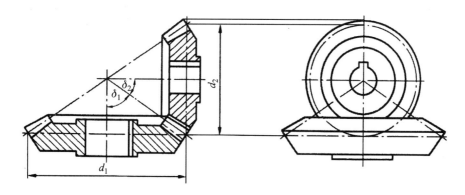

图 5-23　锥齿轮的啮合画法

5.3.3　蜗杆和蜗轮简介

　　蜗杆和蜗轮用于空间垂直交叉两轴间的传动，通常蜗杆为主动件，蜗轮为从动件。蜗杆的齿数（z_1）称为头数，相当于螺杆上螺纹的线数。蜗杆常用单头或双头，在传动时，蜗杆旋转一圈，蜗轮只转过一个齿或两个齿。因此，用蜗轮蜗杆传动，可得到较大的传动比（$i = z_2/z_1$，z_2 为蜗轮齿数）。而且，蜗轮蜗杆结构相对紧凑，所以被广泛用于传动比大的机械传动中。蜗轮蜗杆传动的主要缺点是效率低。

　　蜗轮和蜗杆的轮齿是螺旋形的，蜗轮的齿顶面和齿根面常制成圆环面。啮合的蜗轮和蜗杆，必须有相同的模数和齿形角。国标规定，在通过蜗杆轴线并垂直于蜗轮轴线的主平面内，蜗杆和蜗轮的模数、齿形角为标准值。

　　蜗杆各部分的名称代号和规定画法，如图 5-24 所示，其画法与圆柱齿轮基本相同，为了表达蜗杆上的牙型，一般采用局部剖视图或局部放大图。

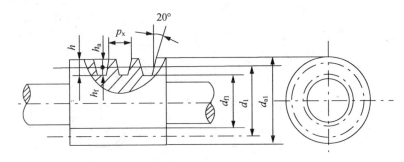

图 5-24　蜗杆的名称代号及画法

　　图 5-25 为蜗轮各部分的名称代号和规定画法，在蜗轮投影为圆的视图中，只画出分度圆和最外圆，不画齿顶圆和齿根圆。剖视图上轮齿的画法与圆柱齿轮相同。

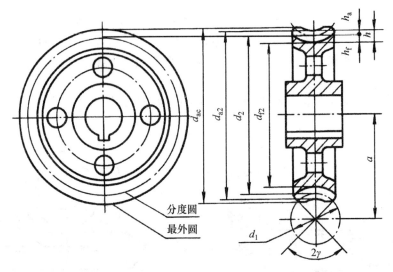

图 5-25　蜗轮的名称代号及画法

　　蜗杆和蜗轮的啮合画法如图 5-26 所示。（a）图为外形视图的画法，在蜗杆投影为圆的视图上，啮合区只画蜗杆；在蜗轮投影为圆的视图上，蜗杆和蜗轮各按规定画法绘制，在啮合区内蜗轮分度圆与蜗杆分度线相切。（b）图为采用剖视的画法，在蜗轮投影为非圆的视图上取全剖视图，当剖切平面通过蜗轮或蜗杆的轴线时，在蜗杆投影为圆的视图上，蜗杆的齿顶用粗实线绘制，在蜗杆投影为非圆的视图上，齿顶线画至与蜗轮齿顶圆相交为止。

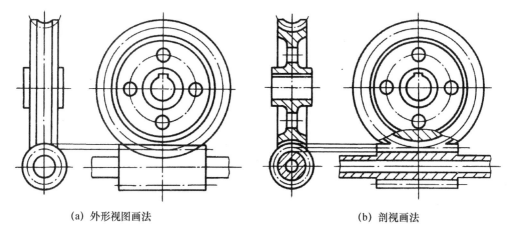

(a) 外形视图画法　　　　　　　　　　　　　(b) 剖视画法

图 5-26　蜗杆与蜗轮啮合画法

5.4　键、销连接

5.4.1　键连接

为了使齿轮、带轮等零件和轴一起同步转动，通常在轮孔和轴上分别切制出键槽，用键将轴及轮连接起来进行传动，如图 5-27 所示。

1. 键的种类和标记

键的种类很多，常用的有普通平键、半圆键和钩头楔键等，如图 5-28 所示。其中普通平键应用最广，分为圆头普通平键（A 型）、方头普通平键（B 型）和单圆头普通平键（C 型）三种型式。键是标准件，其结构形式和尺寸都可在有关的标准中查出，参见附表 3-2。表 5-5 列出了常用键的形式和规定标记。

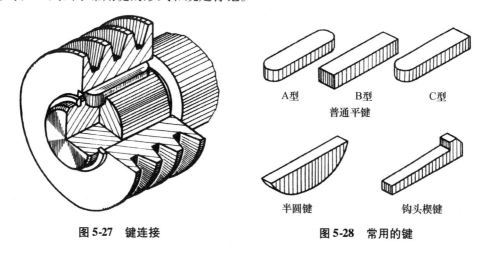

A型　　B型　　C型
普通平键

半圆键　　　　　钩头楔键

图 5-27　键连接　　　　　　　图 5-28　常用的键

表5-5　键的形式和标记示例

名　称	图　例	标记示例
普通平键		$b=18$　$h=11$　$L=100$ 的 A 型圆头普通平键的标记： 键 18×100　GB 1096—1979 $b=18$　$h=11$　$L=100$ 的 B 型方头普通平键的标记： 键 B　18×100　GB 1096—1979
半圆键		$b=6$　$h=11$　$d_1=25$　$L=24.5$ 的半圆键的标记： 键 6×25　GB 1099—1979
钩头楔键		$b=18$　$h=11$　$L=100$ 的钩头楔键的标记： 键 18×100　GB 1565—1979

2. 键槽的画法及尺寸标注

　　为与键配合，应在轴和轮毂上加工键槽，其画法如图 5-29 所示。键槽的宽度 b、轴上的槽深 t 和轮毂上的槽深 t_1 可根据轴的直径 d 查表确定，键的长度 L 应小于或等于轮毂的长度 B，它们的尺寸标注方法如图 5-29 所示。

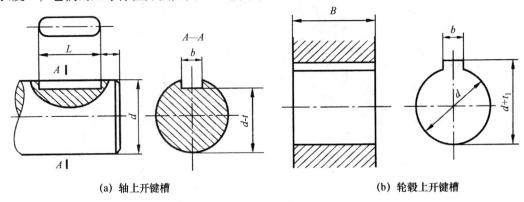

(a) 轴上开键槽　　　　　　　　　　　　(b) 轮毂上开键槽

图 5-29　轴、轮毂上键槽的画法与尺寸标注方法

3. 键连接的画法

键连接的画法如表5-6所示。

表5-6 键连接的画法

名 称	连接的画法	说 明
普通平键	键 轮毂 轴	键的工作面是两个侧面，绘图时，侧面接触画一条线；顶面为非接触面，应留有一定间隙，画两条线；倒角或倒圆可省略不画
半圆键		键的工作面是两个侧面，绘图时，侧面接触画一条线；顶面为非接触面，应留有一定间隙，画两条线；倒角或倒圆可省略不画
钩头楔键		键与槽在顶面底面侧面同时接触，均无间隙

5.4.2 销连接

销也是标准件，通常用于零件间的连接或定位。常用的销有圆柱销、圆锥销和开口销。开口销用在带孔螺栓和带槽螺母上，将其插入槽形螺母的槽口和带孔螺栓的孔中，并将销的尾部叉开，以防止螺母与螺栓松脱。

圆柱销、圆锥销和开口销的形式、标记和连接画法如表5-7所示。

表5-7 销的形式、标记和连接画法

名 称	图例及标记示例	连接画法
圆柱销	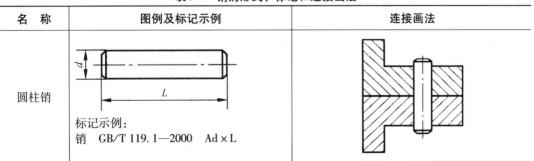标记示例： 销 GB/T 119.1—2000 A$d \times L$	

（续表）

名　称	图例及标记示例	连接画法
圆锥销	1:50 ↗ *d*　*L* 标记示例： 销　GB/T 117—2000 A*d* × *L*	
开口销	*L* *d* 标记示例： 销　GB/T 91—2000　*d* × *L*	

5.5　弹　簧

　　弹簧是用途广泛的常用零件。主要用于减震、夹紧、储存能量和测力等方面。弹簧的特点是去掉外力后，能立即恢复原状。弹簧的种类很多，本节仅介绍圆柱螺旋弹簧。

　　圆柱螺旋弹簧根据其用途不同可分为压缩弹簧、拉伸弹簧和扭转弹簧，如图 5-30 所示。以下介绍圆柱螺旋压缩弹簧的画法和尺寸计算。

（a）压缩弹簧　　　　　（b）拉伸弹簧　　　　　（c）扭转弹簧

图 5-30　圆柱螺旋弹簧

5.5.1　圆柱螺旋压缩弹簧各部分名称及尺寸计算

1. 直径

　　弹簧钢丝直径，称为簧丝直径，亦称线径，用 d 表示；弹簧的最大直径，称为弹簧外径，用 D 表示；弹簧的最小直径，称为弹簧内径，用 D_1 表示；弹簧的平均直径，称为弹簧中径，用 D_2 表示，$D_2 = (D + D_1)/2 = D_1 + d = D - d$。

2. 节距

除支承圈外，相邻两有效圈上对应点之间的轴向距离用 t 表示。

3. 有效圈数 n、支承圈数 n_2 和总圈数 n_1

为了使螺旋压缩弹簧工作时受力均匀，增加弹簧的平稳性，将弹簧的两端并紧、磨平。这部分圈数主要起支承作用，称为支承圈，支承圈有 1.5、2 和 2.5 圈三种，如图 5-31 所示的弹簧，两端各有 $1\frac{1}{4}$ 圈为支承圈，即 $n_2 = 2.5$；保持相等节距的圈数，称为有效圈数；有效圈数与支承圈数之和称为总圈数，即 $n_1 = n + n_2$。

4. 自由高度 H_0

弹簧在不受外力作用时的高度（或长度），称为自由高度，$H_0 = nt + (n_2 - 0.5)\, d$。

5.5.2　圆柱螺旋压缩弹簧的标记

GB 2089—1980 规定的标记格式如下：

名称　端部型式 $d \times D \times H_0$ 精度 旋向 标准号 材料牌号 表面处理

例如：压簧 I 3×20×80 GB 2089—1980 表示普通圆柱螺旋压缩弹簧，两端并紧并磨平，$d = 3\,\mathrm{mm}$，$D = 20\,\mathrm{mm}$，$H_0 = 80\,\mathrm{mm}$，按 3 级精度制造，材料为碳素弹簧钢丝，B 级且表面氧化处理的右旋弹簧。

5.5.3　圆柱螺旋压缩弹簧的规定画法

1. 圆柱螺旋压缩弹簧的画法

圆柱螺旋压缩弹簧可画成视图、剖视图和示意图的形式：在平行于弹簧轴线的投影面上的视图中，其各圈的轮廓应画成直线，如图 5-31（a）所示。常采用通过轴线的全剖视，如图 5-31（b）所示。也可画成示意图的形式，如图 5-31（c）所示。表示四圈以上的螺旋弹簧时，允许每端只画两圈（不包括支承圈），中间各圈可省略不画，只画通过簧丝剖面中心的两条细点画线。当中间部分省略后，也可适当地缩短图形的长度，如图 5-31 所示。在图样上，螺旋弹簧均可画成右旋，对必须保证的旋向要求应在"技术要求"中注明。

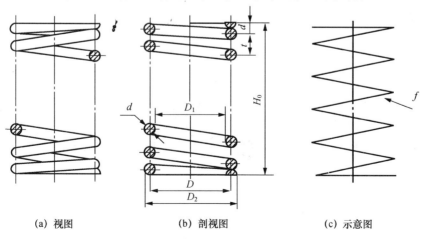

| (a) 视图 | (b) 剖视图 | (c) 示意图 |

图 5-31　圆柱螺旋压缩弹簧的画法

2. 装配图中弹簧的画法

在装配图中，被弹簧挡住的结构一般不画出，可见部分从弹簧的外轮廓线或从弹簧钢丝剖面的中心线画起，如图 5-32 所示。

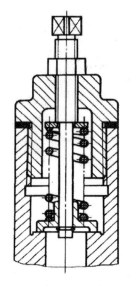

图 5-32　装配图中被弹簧遮挡处的画法

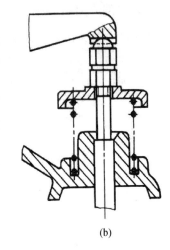

(a)　　　　　　　　(b)

图 5-33　d≤2 mm 的装配画法

型材尺寸较小（直径在图形上小于或等于 2 mm）时，允许用示意图表示，如图 5-33（a）所示；当弹簧被剖切时，也可用涂黑表示，如图 5-33（b）所示。

5.6　滚　动　轴　承

滚动轴承是支承轴的一种标准部件。由于其具有结构紧凑、摩擦力小、效率高等优点，因而得到广泛应用。

5.6.1　滚动轴承的结构、类型和代号

1. 滚动轴承的结构

滚动轴承由内圈、外圈、滚动体、隔离圈（或保持架）等零件组成，如图 5-34 所示。

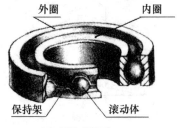
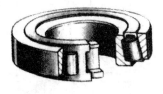
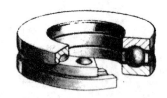

（a）深沟球轴承　　　　　　　（b）圆锥滚子轴承　　　　　　　（c）推力球轴承

图 5-34　滚动轴承

2. 滚动轴承的类型

只用于承受径向载荷的轴承称为径向轴承，如深沟球轴承，见图 5-34(a)；用于同时承受轴向和径向载荷的轴承称为径向止推轴承，如圆锥滚子轴承，见图 5-34(b)；只用来承受轴向载荷的轴承称为止推轴承，如止推球轴承，见图 5-34(c)。

3. 滚动轴承的代号

滚动轴承代号是用字母加数字来表示滚动轴承的结构、尺寸、公差等级、技术性能等特征的产品符号，它由基本代号、前置代号和后置代号构成，其排列方式如下：

$$\boxed{基本代号} \quad \boxed{前置代号} \quad \boxed{后置代号}$$

基本代号表示轴承的基本类型、结构和尺寸，是轴承代号的基础。基本代号从左向右依次由轴承类型代号、尺寸系列代号、内径代号构成。

轴承类型代号用数字或字母表示，如表 5-8 所示。

表 5-8　滚动轴承类型代号（摘自 GB/T 272—1993）

代　号	轴承类型	代　号	轴承类型	代　　号	轴承类型
0	双列角接触球轴承	4	双列深沟球轴承	8	推力圆柱滚子轴承
1	调心球轴承	5	推力球轴承	N	圆柱滚子轴承
2	调心滚子轴承和推力调心滚子轴承	6	深沟球轴承	U	外球面球轴承
3	圆锥滚子轴承	7	角接触球轴承	QJ	四点接触球轴承

尺寸系列代号由轴承的宽（高）度系列代号和直径系列代号组合而成，用两位阿拉伯数字来表示。它的主要作用是区别内径相同而宽度和外径不同的轴承。具体代号须查阅相关标准。

内径代号表示轴承的公称内径，一般用两位阿拉伯数字表示。代号数字为 00、01、02、03 时，分别表示轴承内径 $d = 10\ mm$、$12\ mm$、$15\ mm$、$17\ mm$；代号数字为 04～96 时，代号数字乘 5，即为轴承内径；轴承公称内径为 1～9 mm 时，用公称内径毫米数直接表示；轴承公称内径为 22 mm、28 mm、32 mm、500 mm 或大于 500 mm 时，用公称内径毫米数直接表示，但与尺寸系列代号之间用"/"分开。

例如，基本代号 6208，其中"08"为内径代号，"2"为尺寸代号（完整尺寸代号为 02），"6"为轴承类型代号，表示 $d = 40\ mm$，宽度系列代号为 0（省略），直径系列代号为 2 的深沟球轴承；基本代号 62/22 表示内径 $d = 22\ mm$，宽度系列代号为 0，直径系列代号为 2 的深沟球轴承；基本代号 30312 表示内径 $d = 60\ mm$，宽度系列代号为 0，直径系列代号为 3 的圆锥滚子轴承；基本代号 51310 表示内径 $d = 50\ mm$，高度系列代号为 1，直径系列代号为 3 的推力球轴承。

前置代号用字母表示，后置代号用字母或加数字表示。前置、后置代号是轴承在结构形状、尺寸、公差、技术要求等有改变时，在其基本代号左右添加的代号。

例如，轴承代号"K 81107"中"K"为前置代号，"81107"为基本代号；轴承代号"6210 NR"中"6210"为基本代号，"NR"为后置代号。

前置代号和后置代号的含义及标注方式，请查阅 GB/T 272—1993。

5.6.2　滚动轴承的画法

滚动轴承是标准部件，使用时必须按要求选用。当需要画滚动轴承的图形时，可采用简化画法或规定画法。

1. 简化画法

简化画法可采用通用画法或特征画法，但在同一图样中一般只采用其中一种画法。

（1）通用画法

在剖视图中，当不需要确切地表示滚动轴承的外形轮廓、载荷特性、结构特征时，可用矩形线框及位于线框中央正立的十字形符号表示，见图5-35，十字符号不应与矩形线框接触。如须确切地表示滚动轴承的外形，则应画出其剖面轮廓，并在轮廓中央画出正立的十字形符号，十字形符号不应与剖面轮廓线接触，见图5-36。通用画法的尺寸比例如表5-9所示。

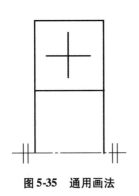

图5-35　通用画法　　　　　　　　图5-36　画出外形轮廓的通用画法

（2）特征画法

在剖视图中，如须较形象地表示滚动轴承的结构特征时，可采用在矩形线框内画出其结构要素符号的方法表示，滚动轴承特征画法如表5-9所示。

表5-9　常用滚动轴承的画法及尺寸比例示例

轴承类型	通用画法	特征画法	规定画法
深沟球轴承 6000型			

（续表）

轴承类型	通用画法	特征画法	规定画法
圆锥滚子轴承 30 000 型	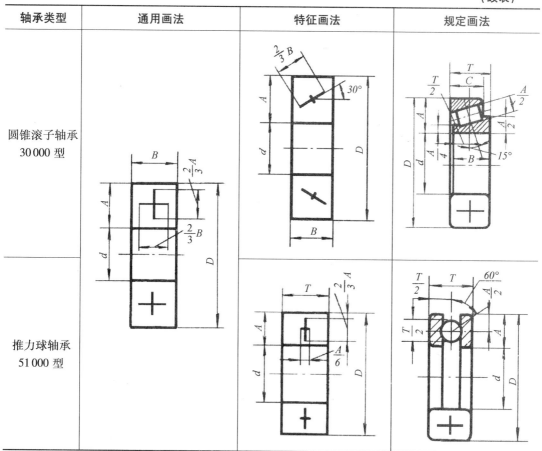		
推力球轴承 51 000 型			

2. 规定画法

必要时，在滚动轴承的产品图样、产品样本、产品标准、用户手册和使用说明书中可采用表 5-9 的规定画法绘制滚动轴承。

第6章 零 件 图

6.1 零件图概述

6.1.1 零件图的作用

零件是组成机器的基本单元。任何机器或部件都是由若干个零件按一定的技术要求装配而成的，而零件又是根据零件图加工出来的。零件图是表达零件的结构形状、尺寸大小及技术要求的图样，是设计部门提供给生产部门的重要技术文件之一，是生产中进行加工制造和测量检验零件质量的主要依据。

6.1.2 零件图的内容

如图 6-1 所示，一张完整的零件图应该包括以下四项内容。

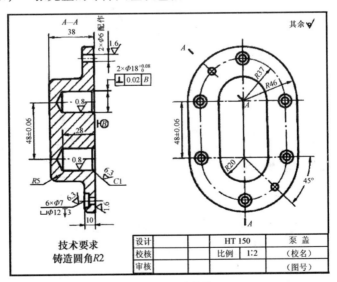

图6-1 泵盖的零件图

(1) 一组视图。综合运用视图、剖视图和断面图等各种表达方法，正确、完整、清晰、简便地表达零件的形状结构。

(2) 完整的尺寸。用一组完整、正确、清晰、合理的尺寸来决定零件的形状大小。

(3) 技术要求。用国家标准中规定的符号、数字、字母和文字等说明零件在制造、检验、安装时应达到的各项技术要求。

(4) 标题栏。用于填出零件的名称、材料、数量、重量、绘图的比例及制图、审核人的姓名和日期等。

6.2 零件表达方案的选择

6.2.1 视图的选择

为把零件的内、外形状和结构完整、正确、清晰地表达出来，合理选择零件的图样表达方案，对于读图和绘图都是至关重要的。

1. 主视图的选择

主视图是表达零件的最重要的一个视图，选择得恰当与否，不仅关系到看图是否方便，同时直接影响所需其他视图的数目及配置。选择主视图时，应考虑以下几个原则。

（1）形状特征原则

与画组合体视图一样，首先应该在形体分析的基础上，选择能够比较充分地反映零件形状特征的投射方向作主视图。图6-2(a)就能很好地反映出零件的结构形状和相对位置关系。

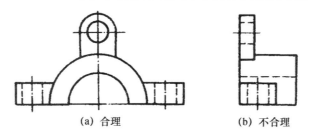

（a）合理　　　　（b）不合理

图 6-2　按形状特征原则选择主视图

（2）工作位置原则

零件的工作位置，是指零件在机器工作时所处的位置。将主视图选择成与工作位置一致，有利于和装配图对照，便于进行机器的装配，见图6-3。

（3）加工位置原则

零件的加工位置，是指零件在机床上加工时主要的装夹位置。这样选择主视图，目的是为了在加工零件时，图物可以直接对照，有利于工人操作和测量尺寸。如图6-4所示的泵套，其主视图就是依照它的加工位置按轴线水平放置画出的。

以上是零件主视图的选择原则，运用时，在保证清楚表达结构形状特征的前提下，应优先考虑加工位置原则，其次考虑工作位置原则。

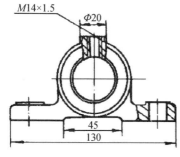

图 6-3　按工作位置选择主视图

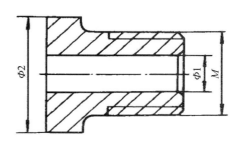

图 6-4　按加工位置选择主视图

2. 其他视图的选择

主视图选定之后，要分析还有哪些形状结构没有表达清楚，考虑选择其他适当的视图，将主视图没有表达清楚的零件结构表达清楚。

其他视图的选择原则是：在充分表达出零件内、外结构形状的前提下，尽可能使其他视图的数量最少；画图时，应充分运用剖视图、断面图等多种表达方法，尽量避免使用虚线。通过比较，选择最佳的表达方案。

6.2.2　典型零件表达方法选择分析

按照零件的用途、形状结构以及制造工艺等特点，一般可将零件划分为轴套类、轮盘类、叉架类、板盖类和箱壳类等五种类型。

1. 轴套类零件

这类零件包括各种轴、丝杆、套筒、衬套等。

轴套类零件大多数是由若干不等径的圆柱体同轴组合而成的，其轴向尺寸远大于径向尺寸，轴上有轴肩、键槽、螺孔、倒角、退刀槽、圆角等结构。

图 6-5 为一传动轴，该类零件一般只选用一个主视图，轴线水平放置，这样既符合零件的工作位置和加工位置原则，又表达了阶梯轴、键槽等结构的基本形状、相对位置和轴向尺寸大小。该传动轴用了三个移出断面图表达每个键槽处的断面结构；用 A 向局部视图表达轴右端面上两个螺孔的分布情况，其螺孔深度由主视图上的局部剖视来反映；用局部放大图来表明退刀槽的细小结构，同时便于标注尺寸。

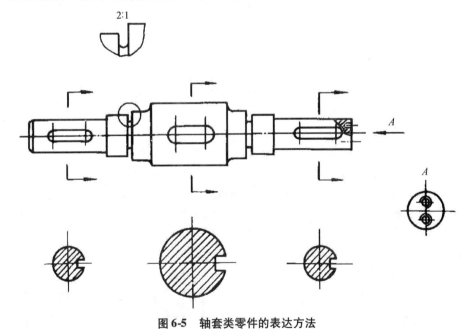

图6-5　轴套类零件的表达方法

2. 轮盘类零件

这类零件包括齿轮、手轮、皮带轮、飞轮、法兰盘、端盖等。

轮盘类零件的主体一般也为回转体，与轴套类零件不同的是其轴向尺寸小于径向尺寸。这类零件上常有退刀槽、凸台、凹坑、倒角、圆角、轮齿、轮辐、筋板、螺孔、键槽和作为定位或连接用孔等结构。

图 6-6 为一端盖，该类零件一般常用两个基本视图表达，轴线水平放置，这样便于加工、测量。主视图作全剖视，主要表达轴孔、螺孔的结构和内、外凸台形状；左视图则表达端盖外形和三个耳座及螺孔的分布情况。

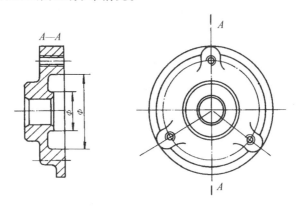

图 6-6 轮盘类零件的表达方法

3. 叉架类零件

叉架类零件包括各种拨叉、连杆、摇杆、支架、支座等。

叉架类零件的结构形状大都比较复杂，且相同的结构不多，多数由铸造或模锻制成毛坯后，经必要的机械加工而成。这类零件上的结构，一般可分为工作部分和联系部分。工作部分指该零件与其他零件配合或连接的套筒、叉口、支撑板、底板等。联系部分指将该零件各工作部分联系起来的薄板、筋板、杆体等。零件上常具有铸造或锻造圆角、拔模斜度、凸台、凹坑或螺栓过孔、销孔等结构。

图 6-7 为一支架，该零件用了两个基本视图，主视图按支架的工作位置投射并采用了全剖视，主要表达两个套筒孔的内部结构及外形情况；左视图则表达支架的整体外形及连接方式。*C* 视图和 *D—D* 剖视图主要表达倾斜托板的形状以及与支架体连接的方位和凸台的分布情况，另外还反映了锥孔和阶梯孔的内部情况。

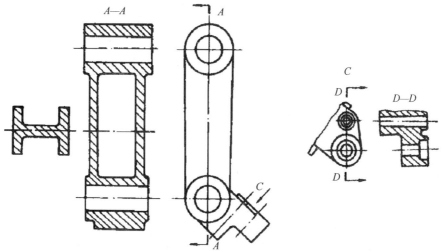

图 6-7 叉架类零件的表达方法

4. 板盖类零件

这类零件包括各种垫板、固定板、滑板、连接板、工作台、箱盖等。板盖类零件的基本形状是高度方向尺寸较小的柱体，其上常有凹坑、凸台、销孔、螺纹孔、螺栓过孔和成形孔等结构。此类零件常由铸造后，经过必要的切削加工而成。

图 6-8 为一冷冲模的凹模，该类零件一般选择垂直于较大的一个平面的方向作为主视图的投影方向，零件水平放置。主视图常采用全剖视图，俯视图表示其上的结构分布情况。未表示清楚的部分，常用局部视图、局部剖视来补充表达。

5. 箱壳类零件

这类零件包括箱体、外壳、座体等。

箱壳类零件是机器或部件上的主体零件之一，其结构形状往往比较复杂。以图 6-9 所示的蜗轮减速器箱体为例，箱壳类零件大致由以下几个部分构成：容纳运动零件和贮存润滑液的内腔，由厚薄较均匀的壁部组成；其上有支承和安装运动零件的孔及安装端盖的凸台（或凹坑）、螺孔等；将箱体固定在机座上的安装底板及安装孔；加强筋、润滑油孔、油槽、放油螺孔等。

该类零件通常以最能反映其形状特征及结构间相对位置的一面作为主视图的投射方向。以自然安放位置或工作位置作为主视图的摆放位置。一般需要两个或两个以上的基本视图才能将其主要结构形状表示清楚。并且要根据具体零件的需要选择合适的视图、剖视图、断面图来表达其复杂的内外结构。往往还需局部视图、局部剖视和局部放大图等来表达尚未表达清楚的局部结构。

图 6-10 是图 6-9 所示蜗轮减速箱箱体的视图。图中的主视图既符合形体特征原则，也符合工作位置原则。

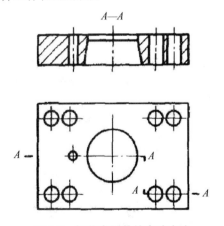

图 6-8　板盖类零件的表达方法

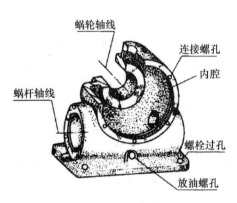

图 6-9　蜗轮减速箱箱体

主视图符合半剖视的条件，采用了半剖视，既表达了箱体的内部结构，又表达了箱体的外部形状；左视图采用全剖视，用来配合主视图，着重表达箱体内腔的结构形状，同时也对蜗轮的轴承孔、润滑油孔、放油螺孔、后方的加强筋板形状等进行了表达；B 向局部视图，表达出蜗轮轴承孔下方筋板的位置和结构形状；C 向视图，表达出底板的整体形状、底板上凹坑的形状及安装螺栓的过孔情况；D 向局部视图，表达了蜗杆轴承孔端面螺孔的分布情况及底板上方左右端圆弧凹槽的情况；左视图旁边的移出断面表达了筋板的断面形状。

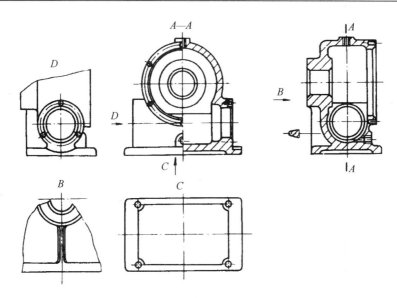

图 6-10 箱壳类零件的表达方法

不便归纳为上述五类的零件,如薄壁冲压件、塑料注塑件、各种垫片,以及金属与非金属镶嵌等零件的视图表达,视零件的复杂程度而定。注塑零件及镶嵌零件的非金属材料,在剖视图上应注意其剖面符号与金属材料的区别。

6.3 零件图的尺寸标注

6.3.1 零件图上尺寸标注的基本要求

零件图上的尺寸标注是零件图的主要内容之一,是零件加工和检验的重要依据。零件图上的尺寸标注应符合下列要求:

(1)正确 尺寸标注必须符合技术制图与机械制图国家标准中的规定,做到标注规范、正确。

(2)完整 标注的各类尺寸要齐全,既不遗漏,也不重复。

(3)清晰 标注的尺寸必须排列整齐、注写清晰,便于查找和阅读。

(4)合理 标注的尺寸要求既能满足设计要求,又符合生产实际。

对于前三项要求,在第 3 章组合体的尺寸标注中已经进行过较详细的讨论。本节着重讨论尺寸标注的合理性问题和常见结构的尺寸注法,并进一步说明清晰标注尺寸的注意事项。

6.3.2 尺寸基准的选择

基准是标注尺寸的起点。要把零件图尺寸标注得合理,一个关键问题是应从设计和加工的实际要求出发,选择适当的尺寸基准。根据基准在生产过程中的作用不同,基准可分为设计基准和工艺基准。

设计基准是根据机器的结构和设计要求,在设计中用来确定零件在机器中的位置及其几何关系的基准。如图 6-11 所示的轴承座，在标注高度方向的尺寸时，以轴承座的底面为基准，以便保证轴孔到底面的距离；在标注长度方向的尺寸时，应当以其对称平面为基准，以便保证底板上两孔之间的距离及其对轴孔的对称关系。底面和对称面就是轴承座的设计基准。

工艺基准是根据零件加工制造和测量检验等方面的要求而选定的基准。如图 6-12 中的轴的端面 A 为测量尺寸 40 mm 的测量基准，轴线既是设计基准又是测量径向直径尺寸的工艺基准。

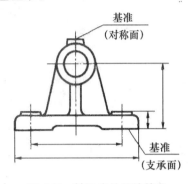

图 6-11　轴承座的设计基准

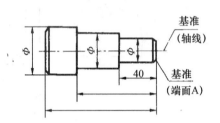

图 6-12　轴的设计基准和工艺基准

每一个零件都有长、宽、高三个方向的尺寸，因而在每一个方向上至少应当选择一个基准。但根据零件的设计、制造、测量的需要，一般还要附加一些基准。通常把确定重要尺寸的基准称为主要基准，一般都是设计基准；而把附加的基准称为辅助基准，一般都是工艺基准。主要基准和辅助基准之间、两辅助基准之间都需要直接标注尺寸，使其联系起来。如图 6-13 所示的蜗轮轴，其轴线是径向尺寸 $\Phi40$、$\Phi35$、$\Phi33$、$\Phi30$ 的设计基准，又是加工时两端用顶尖支承的工艺基准，工艺基准和设计基准重合时，加工后的尺寸容易达到设计要求。为了保证蜗轮与蜗杆啮合的准确，选用安装蜗轮的轴段左端面 B 为轴向设计基准，标注尺寸 56、162。右边端面 A 为辅助基准，标注尺寸 50，两个基准之间的联系尺寸是 162。

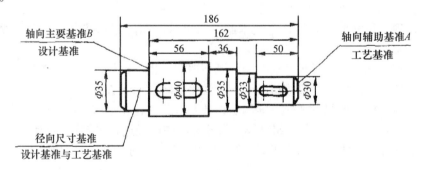

图 6-13　蜗轮轴的尺寸基准

6.3.3　合理标注尺寸的注意事项

1. 结构上的重要尺寸，必须从基准出发直接标出

如图 6-14(a) 中的尺寸 A 和 B 都是重要尺寸，应直接注出，不能像图 6-14(b) 那样将 A 注成 $C+D$，将 B 注成 $L-2E$。

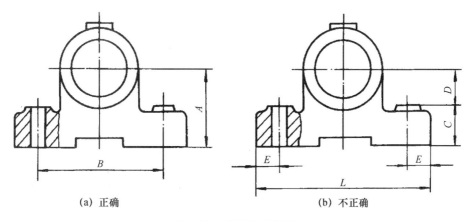

(a) 正确　　　　　　　　　　　　　　　(b) 不正确

图 6-14　重要尺寸的注法

2. 不能注成封闭尺寸链

如图 6-15(b) 所示，将同一方向的尺寸注成首尾相连的封闭形式，称为封闭尺寸链。

如按 37、$15_{-0.14}^{0}$ 两尺寸加工合格后，则总长 52 受到上述两尺寸的影响而难于达到精度要求，所以将要求不高的尺寸 37 不在图上进行标注，成为不封闭的尺寸链，如图 6-15(a) 所示。

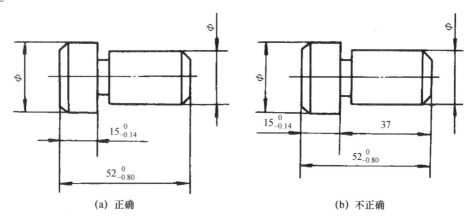

(a) 正确　　　　　　　　　　　　　　　(b) 不正确

图 6-15　不能注成封闭尺寸链

3. 按加工工艺标注尺寸

不同的加工工艺，其尺寸应分别标注，以便于加工时查找尺寸。如图 6-16 所示，铣削加工的轴向尺寸全部标注在视图的上方，而车削加工的轴向尺寸全部标注在视图的下方。

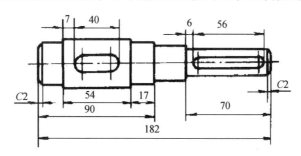

图 6-16　按加工方法标注尺寸

4. 考虑加工和测量的方便

在满足零件使用性能的要求下，标注尺寸时应考虑便于加工、便于测量，如图6-17、图6-18所示。

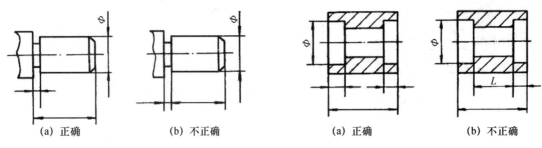

| (a) 正确 | (b) 不正确 | (a) 正确 | (b) 不正确 |

图6-17 尺寸标注应考虑加工方便　　　　**图6-18** 尺寸标注应考虑测量方便

5. 合理标注毛坯面尺寸

毛坯面和机械加工面之间的尺寸标注应将毛坯面尺寸单独标注，并且只使其中一个毛坯面和机械加工面联系起来。如图6-19（a）所示，其加工面通过尺寸A仅与一个不加工面发生联系，其他尺寸都标注在不加工面之间，这种注法是正确的。图6-19（b）中，加工面与三个不加工面之间都注有尺寸，在切削该加工面时，要同时达到所标注的每个尺寸的要求，这是不可能的。

关于清晰地标注尺寸的问题，应考虑的因素很多，需要通过大量实践，不断总结提高，才能做得较好。

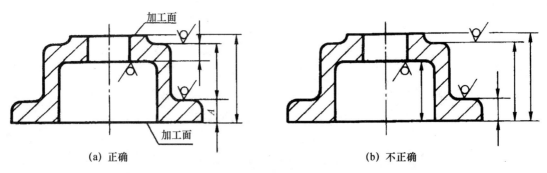

| (a) 正确 | (b) 不正确 |

图6-19 毛坯面的尺寸标注

6.3.4　常见零件结构的尺寸标注

零件上常见的结构较多，它们的尺寸注法已基本标准化。表6-1中为零件上常见孔的尺寸注法。

表 6-1　零件上常见孔的尺寸注法

结构类型		普通注法	旁注法	说　明
光孔	一般孔	6×Φ7	6×Φ7 ▽10 ／ 6×Φ7 ▽10	6×Φ7 表示六个孔的直径均为 Φ7（下同）
	精加工孔	6×Φ7$^{+0.012}_{0}$	6×Φ7$^{+0.012}_{0}$ ▽10 ／ 6×Φ7$^{+0.012}_{0}$ ▽10	钻孔深为 12，钻孔后须精加工至 Φ7，精加工深度为 10
	锥销孔	锥销孔 Φ7	锥销孔 Φ7 ／ 锥销孔 Φ7	Φ7 为与锥销孔相配合的圆锥销小头直径（公称直径），锥销孔通常是相邻两零件装配在一起时加工的
沉孔	锥形沉孔	90° Φ13 6×Φ7	6×Φ7 ▽Φ13×90° ／ 6×Φ7 Φ13×90°	锥形部分大端直径为 Φ13，锥角为 90°
	柱形沉孔	Φ13 4.5 4×Φ7.4	4×Φ7.4 ⊔Φ13▽4.5 ／ 4×Φ7.4 ⊔Φ13▽4.5	大孔直径为 Φ13，深度为 4.5
螺孔	通孔	3×M6-7H	3×M6-7H ／ 3×M6-7H	3×M6-7H 表示三个直径为 Φ6，中径、顶径公差带为 7H 的螺孔
	不通孔	3×M6-7H 10	3×M6-7H▽10 ／ 3×M6-7H▽10	深 10 是指螺孔的有效深度是 10，螺孔深度以保证有效深度为准，也可查有关手册

6.4　零件图上的技术要求

在零件图上，除了用视图表达零件的结构形状和用尺寸表明零件各组成部分的大小及位置关系外，通常还标注有相关的技术要求。一般包括：表面粗糙度；极限与配合要求；形状和位置公差；热处理、表面处理和表面修饰的说明；对材料的要求和说明；特殊加工、检查、实验及其他必要的说明；某些结构的统一要求，如圆角、倒角等。以上内容，凡已有规定代号、符号的，用代号、符号直接标注在图上，无规定代号、符号的，则可用文字或数字说明，写在图的右下角标题栏的上方或左方适当空白处，如图 6-1 所示。

6.4.1　表面粗糙度

1. 表面粗糙度的概念

表面粗糙度是指由加工后零件表面因刀痕、金属塑性变形等影响形成的较小间距和峰谷所组成的微观几何形状特性，实质上是指表面的微观高低不平度。

表面粗糙度对零件表面的摩擦磨损、疲劳强度、耐腐蚀性、接触强度、配合精度、密封性及导热性能等有一定的影响，其主要评定参数是轮廓算术平均偏差，用 Ra 表示。

表面粗糙度反映了零件表面的加工质量。表面质量越高，表面粗糙度值就越小，加工工艺就越复杂，加工成本就越高。表 6-2 为表面粗糙度 Ra 的常用数值区段的获得方法及应用举例。

表 6-2　表面粗糙度获得的方法及应用举例

表面粗糙度 $Ra/\mu m$	表面特征	主要获得方法	应用举例
50、100	明显可见刀痕	粗车、粗刨、粗铣等	很少应用于加工面
25	可见刀痕		
12.5	微见刀痕	粗车、刨、立铣等	不接触表面、不重要的接触面，如倒角等
6.3	可见加工痕迹	精车、精刨、精铣、刮研和粗磨	支架、箱体和盖等的非配合表面
3.2	微见加工痕迹		箱、盖、套筒要求紧贴的表面，键和键槽的工作表面
1.6	看不见加工痕迹		要求有不精确定心及配合特性的表面，如支架孔、衬套、胶带轮工作面
0.8	可辨加工痕迹方向	金刚石车刀精车、精铰、拉刀和压刀加工、精磨、珩磨、研磨、抛光	要求保证定心及配合特性的表面，如轴承配合表面、锥孔等
0.4	微辨加工痕迹方向		要求能长期保持规定的配合特性的公差等级为 7 级的孔和 6 级的轴
0.2	不可辨加工痕迹方向		主轴的定位锥孔，$d < 20\,mm$ 淬火的精确轴的配合表面

2. 表面粗糙度的符号、代号及其含义

表面粗糙度的符号及其填写格式如表 6-3 所示。

表 6-3　表面粗糙度符号及填写格式

符　号	意　义	符号尺寸
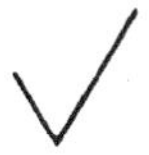	基本符号，表示表面可用任何方法获得。当不加注粗糙度值时，仅适用于简化代号标注	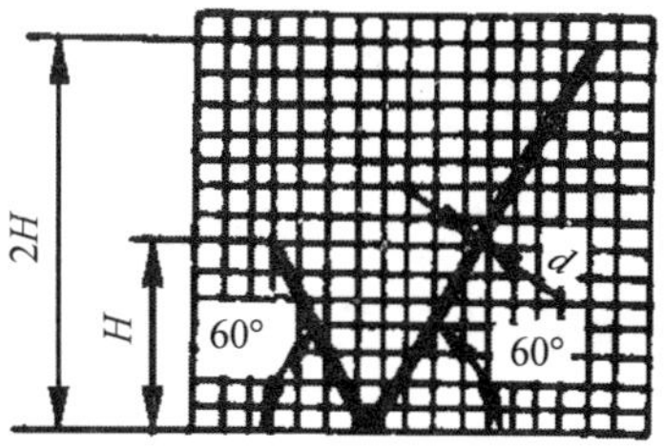2H H 60° 60° d
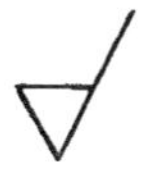	基本符号上加一短划，表示表面是用去除材料的方法获得，如：车、铣、刨、磨、钻、抛光、腐蚀、电火花加工等	
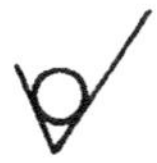	基本符号加一小圆，表示表面是用不去除材料的方法获得，如：铸、锻、冲压、冷热轧、粉末冶金等	$d=\frac{h}{10}$ $H=1.4h$ h 为字体的高度

表面粗糙度的代号及其含义如表 6-4 所示。

表 6-4　表面粗糙度代号及含义

代　号	意　义	代　号	含　义
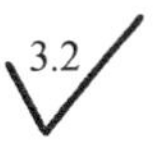3.2	用任何方法获得的表面粗糙度，*Ra* 的上限值为 3.2 μm	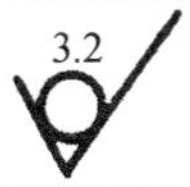3.2	用不去除材料方法获得的表面粗糙度，*Ra* 的上限值为 3.2 μm
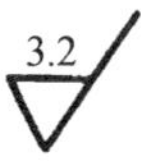3.2	用去除材料方法获得的表面粗糙度，*Ra* 的上限值为 3.2 μm	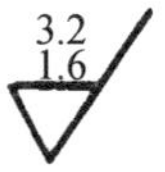3.2 1.6	用去除材料方法获得的表面粗糙度，*Ra* 的上限值为 3.2 μm，*Ra* 的下限值为 1.6 μm
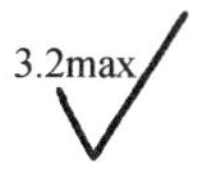3.2max	用任何方法获得的表面粗糙度，*Ra* 的最大值为 3.2 μm	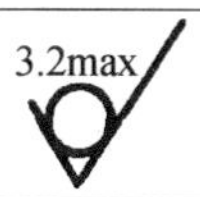3.2max	用不去除材料方法获得的表面粗糙度，*Ra* 的最大值为 3.2 μm
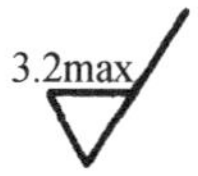3.2max	用去除材料方法获得的表面粗糙度，*Ra* 的最大值为 3.2 μm	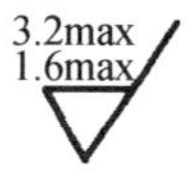3.2max 1.6max	用去除材料方法获得的表面粗糙度，*Ra* 的最大值为 3.2 μm，*Ra* 的最小值为 1.6 μm

3. 表面粗糙度的标注方法

国家标准 GB/T 131—1993 规定了表面特征代号（符号）及其在图样上的注法。表6-5为表面粗糙度标注示例。

表面粗糙度在零件图上的标注实例如图 6-1 所示。

表 6-5　表面粗糙度标注示例

标注类别	表面粗糙度标注示例	说　明
一般标注	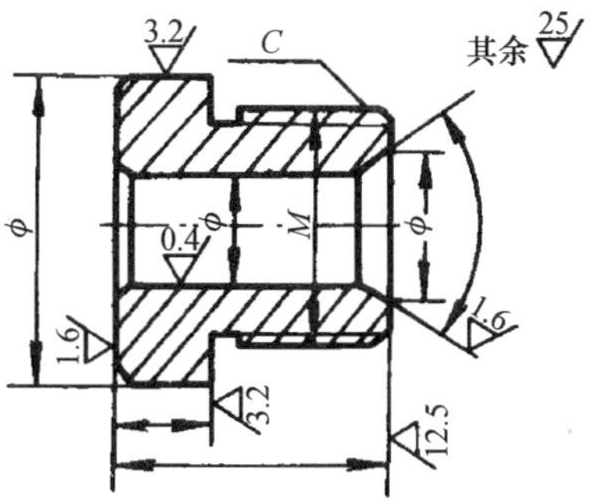3.2 C 其余 25 φ 0.4 φ M φ 1.6 1.6 3.2 12.5	表面粗糙度符号、代号一般应标注在可见轮廓线、尺寸界限、引出线或它们的延长线上，符号的尖端必须从材料外指向表面

（续表）

标注类别	表面粗糙度标注示例	说　明
大部分表面具有相同的表面粗糙度要求标注	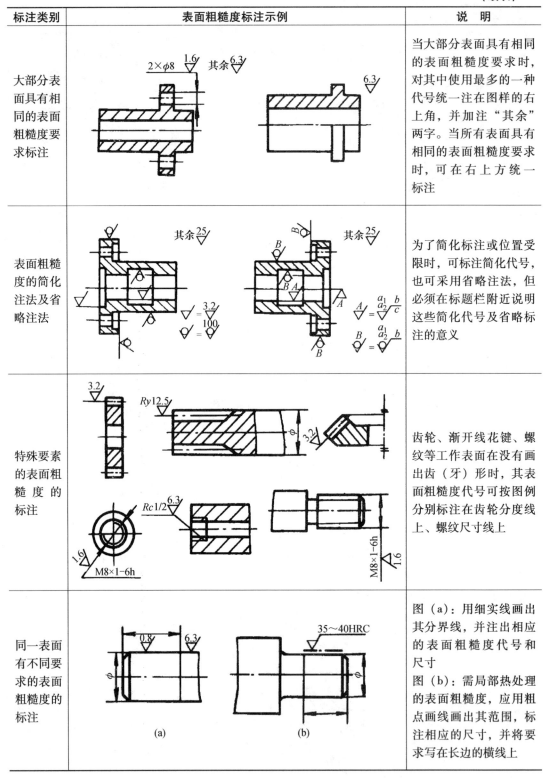	当大部分表面具有相同的表面粗糙度要求时，对其中使用最多的一种代号统一注在图样的右上角，并加注"其余"两字。当所有表面具有相同的表面粗糙度要求时，可在右上方统一标注
表面粗糙度的简化注法及省略注法		为了简化标注或位置受限时，可标注简化代号，也可采用省略注法，但必须在标题栏附近说明这些简化代号及省略标注的意义
特殊要素的表面粗糙度的标注		齿轮、渐开线花键、螺纹等工作表面在没有画出齿（牙）形时，其表面粗糙度代号可按图例分别标注在齿轮分度线上、螺纹尺寸线上
同一表面有不同要求的表面粗糙度的标注		图（a）：用细实线画出其分界线，并注出相应的表面粗糙度代号和尺寸 图（b）：需局部热处理的表面粗糙度，应用粗点画线画出其范围，标注相应的尺寸，并将要求写在长边的横线上

（续表）

标注类别	表面粗糙度标注示例	说　明
连续表面及不连续表面的粗糙度的标注		零件上连续表面及重复要素（孔、槽、齿等）的表面、用细实线连接的不连续表面，粗糙度代号只注一次

6.4.2　公差与配合

1. 零件的互换性

为了提高劳动生产率，保证产品质量和降低成本，现代工业中组织专业化协作生产，即分散制造、集中装配，这样就要求零件具有互换性。

所谓"互换性"，是指在相同规格的零件中，任取一件，不经挑选或修配，就能顺利装入机器，并达到设计的性能要求。

为了保证互换性，重要条件之一是必须保证零件尺寸的一致性，可是在生产实践中，不可能把零件的尺寸加工得绝对精确，为此，在符合使用要求的前提下，将零件尺寸的误差控制在一个允许的范围内，就能保证零件的互换性。

2. 尺寸公差的基本概念

表6-6列出了国家标准《极限与配合》中有关尺寸、偏差与公差的术语及基本概念。

表6-6　极限与配合的有关术语定义

名　称	解　释	简图、计算示例及说明	
		孔	轴
		孔的尺寸 50H8 $\left(^{+0.039}_{\ 0}\right)$	轴的尺寸 50f7 $\left(^{-0.025}_{-0.050}\right)$
基本尺寸	设计给定的尺寸	$D = 50$	$d = 50$
实际尺寸	通过测量所得的尺寸		
极限尺寸	允许尺寸变化的两个界限值，它以基本尺寸为基数来确定		
最大极限尺寸	两个极限尺寸中较大的一个尺寸	$D = 50.039$	$d = 49.975$

（续表）

名　称	解　释	简图、计算示例及说明	
		孔	轴
最小极限尺寸	两个极限尺寸中较小的一个尺寸	$D=50$	$d=49.95$
尺寸偏差	简称偏差，是某一尺寸减去其基本尺寸所得的代数差		
上偏差	最大极限尺寸减去其基本尺寸所得的代数差	上偏差 $ES=50.039-50=0.039$	上偏差 $es=49.975-50$ $=-0.025$
下偏差	最小极限尺寸减去其基本尺寸所得的代数差	下偏差 $EI=50-50=0$	下偏差 $ei=49.95-50$ $=-0.050$
尺寸公差	简称公差，是允许尺寸的变动量	$T_D=50.039-50=0.039$ 或 $T_D=0.039-0=0.039$	$T_d=49.975-49.950=0.025$ 或 $T_d=-0.025-(-0.050)$ $=0.025$
零线	在公差与配合图解（简称公差带图）中，确定偏差的一条基准直线，即零偏差线。当零线画成水平时，零线之上的偏差为正，零线之下的偏差为负	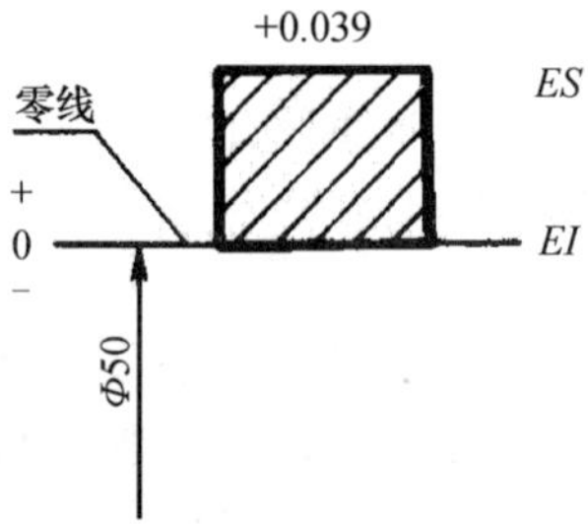	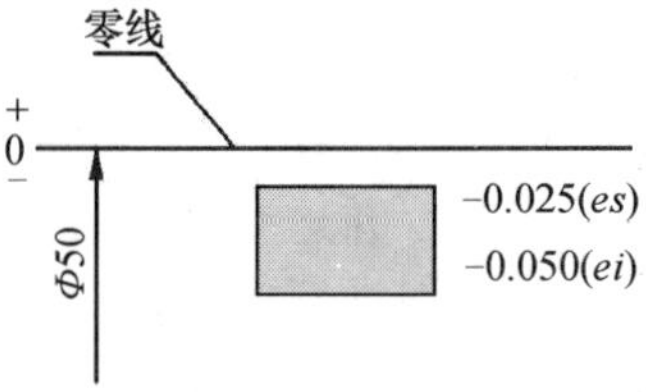
尺寸公差带	在公差带图中，由代表上、下偏差的两条直线所确定的一个区域，简称尺寸公差带		

3. 标准公差与基本偏差

公差由"标准公差"和"基本偏差"两个要素确定。

标准公差是国家标准规定的用以确定公差带大小的任一公差。国标将标准公差分为 20 个等级，即 IT01、IT0、IT1～IT18，"IT"为"标准公差"的符号，数字表示公差等级。IT01 公差值最小，精度最高；IT18 公差值最大，精度最低。标准公差具体数值参见附表 5-1。

基本偏差是用来确定公差带相对于零线位置的上偏差或下偏差，一般为靠近零线的那个偏差。国家标准对孔和轴分别规定了 28 个基本偏差，并规定：大写字母表示孔的基本偏差，小写字母表示轴的基本偏差。

4. 配合

基本尺寸相同的、相互配合的孔、轴公差带之间的关系称为配合。国家标准将孔、轴之间的配合分为三类。

（1）间隙配合　孔公差带在轴公差带之上，即具有间隙（包括最小间隙为零）的配合，如图 6-20 所示。

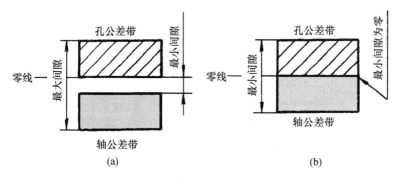

图 6-20　间隙配合示意图

（2）过盈配合　孔公差带在轴公差带之下，即具有过盈（包括最小过盈为零）的配合。如图 6-21 所示。

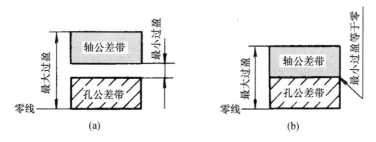

图 6-21　过盈配合示意图

（3）过渡配合　孔、轴公差带相互交叠，即可能具有间隙或过盈的配合，如图 6-22 所示。

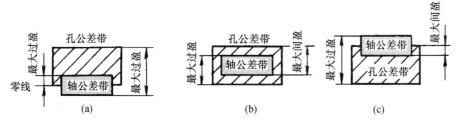

图 6-22　过渡配合示意图

5. 配合制度

为了减少配合的数量，国家标准规定了两种配合制度，即基孔制配合和基轴制配合。

（1）基孔制　基本偏差为一定的孔公差带，与不同基本偏差的轴公差带形成各种配合的一种制度，如图 6-23 所示。基孔制中的孔为基准孔，规定其基本偏差代号为 H，其下偏差（EI）为零。

（2）基轴制　基本偏差为一定的轴公差带，与不同基本偏差的孔公差带形成各种配合的一种制度，如图 6-24 所示。基轴制中的轴为基准轴，规定其基本偏差代号为 h，其上偏差（es）为零。

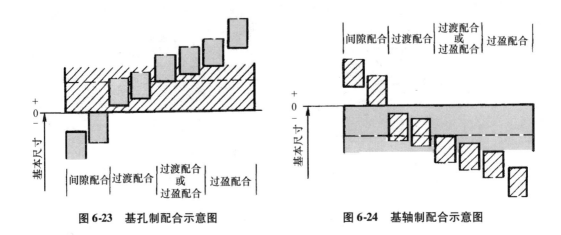

图 6-23　基孔制配合示意图　　　　　图 6-24　基轴制配合示意图

6. 极限与配合的标注

（1）孔、轴公差带代号

零件图上，一些重要尺寸一般应标注出极限偏差或公差带代号。公差带代号由基本偏差代号和公差等级代号组成，如图 6-26 所示。

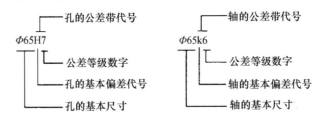

图 6-25　孔、轴公差带代号组成

（2）零件图上的标注

用于大批量生产的零件图，可只注公差带代号。公差带代号的注写形式如图 6-26（a）所示。用于中小批量生产的零件图，一般可只注极限偏差，如图 6-26（b）所示。如要求同时标注公差带代号及相应的极限偏差时，其极限偏差应加上圆括号，如图 6-26（c）所示。标注时应注意，上下偏差绝对值不同时，偏差数字用比基本尺寸小一号的字体书写，下偏差应与基本尺寸注在同一底线上，如图 6-26（d）所示。若某一偏差为零时，数字 0 不能省略，必须标出，并与另一偏差的整数个位对齐，如图 6-26（e）所示。若上下偏差绝对值相同符号相反时，则偏差数字只写一个，并与基本尺寸数字字号相同，如图 6-26（f）所示。

（3）装配图上的标注

在装配图上，一般标注配合代号，也可标注极限偏差。

在装配图上标注线性尺寸的配合代号时，配合代号必须注写在基本尺寸的右边，用分数形式注出，分子为孔的公差带代号，分母为轴的公差带代号，如图 6-27（a）所示。也允许按图 6-27（b）或图 6-27（c）所示的形式标出。

在装配图中标注配合零件的极限偏差时，孔的基本尺寸和极限偏差注写在尺寸线的上方，轴的基本尺寸和极限偏差注写在尺寸线的下方，如图 6-28（a）所示。也允许按图6-28（b）所示形式标注。

零件（孔或轴）与标准件、外购件配合时，只标注零件的公差带代号，如图 6-29
所示。

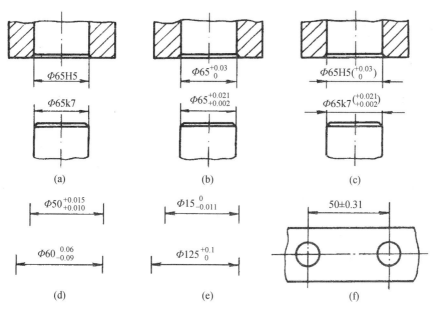

(a)　　　　　　　　　　(b)　　　　　　　　　　(c)

(d)　　　　　　　　　　(e)　　　　　　　　　　(f)

图 6-26　公差带与极限偏差标注方法

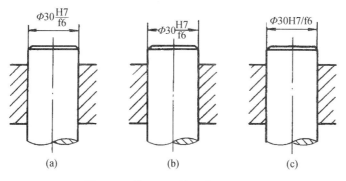

(a)　　　　　　　　　　(b)　　　　　　　　　　(c)

图 6-27　装配图上的配合代号注法

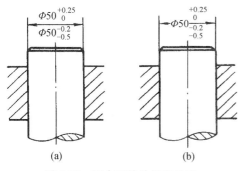

(a)　　　　　　　　　　(b)

图 6-28　配合零件的偏差注法

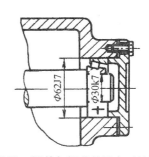

图 6-29　零件与标准件配合时的注法

6.4.3　形状和位置公差

在加工零件时，由于机床、夹具、刀具、工件材料等因素的影响，被加工零件的几何形状及相对位置也会产生误差，这种误差也必须控制在一个允许的范围内。因此，在图样上必须标注形状和位置公差（简称"形位公差"）。

1. 形位公差特征项目及符号

形位公差共分形状公差和位置公差两大类 14 项，见表 6-7。

表 6-7　形位公差特征项目及符号

公差		特征项目	符号	有或无基准要求	公差		特征项目	符号	有或无基准要求
形状	形状	直线度	—	无	位置	定向	平行度	//	有
		平面度	▱	无			垂直度	⊥	有
		圆度	○	无			倾斜度	∠	有
		圆柱度	⌀	无		定位	位置度	⊕	有或无
形状或位置	轮廓	线轮廓度	⌒	有或无			同轴（同心）度	◎	有
		面轮廓度	⌓	有或无			对称度	＝	有
						跳动	圆跳动	↗	有
							全跳动	↗↗	有

2. 形位公差代号及基准代号

（1）形位公差代号

形位公差在图样中用代号标注，用代号标注不便时，也可用文字说明。

形位公差代号包括：框格和带箭头的指引线，公差特征项目符号、公差数值和有关符号，基准字母，如图 6-30 所示。

框格用细实线画出，其长边可横放也可竖放。框格中字母或数字的朝向与图中尺寸数字的规定相同。框格横放时，框格自左至右（竖放时自下至上）分成两格、三格或多格，依次填写有关内容，如图 6-30 所示。

指引线用细实线绘制，一端与框格相连，另一端画箭头指向被测要素，箭头要指向公差带宽度方向或直径方向。

（2）基准代号

基准代号包括基准符号、连线、字母和圆圈，如图 6-31 所示。

基准符号为粗短画线，画在基准要素的轮廓线或轮廓线的延长线附近。圆圈用细实线画，圆圈里的字母与相应的公差框格中表示基准的字母相同，并水平注写。

3. 形位公差的标注方法

（1）当基准要素或被测要素为轮廓线或表面时，基准符号的粗短画线应在轮廓线或其延长线上，框格指引线的箭头也应指向被测要素的轮廓线或轮廓线的延长线上；箭头或基准符号应与尺寸线明显地错开，如图 6-32 所示。

（2）当基准要素或被测要素为轴线、中心平面或带尺寸的要素确定的点时，基准符号上的连线或指引线箭头应与有关尺寸线对齐；如尺寸线处安排不下两个箭头，则对于基准要素来说，尺寸线的另一箭头可用短横线代替，如图 6-33 所示。

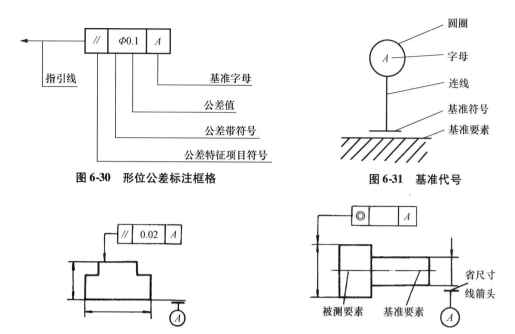

图 6-30 形位公差标注框格

图 6-31 基准代号

图 6-32 基准、被测要素为平面时的标注

图 6-33 基准、被测要素为轴线时的标注

（3）同一要素有多项形位公差要求或多个被测要素有相同形位公差要求时，其标注方法如图 6-34、图 6-35 所示。

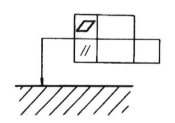

图 6-34 同一要素有多项形位
公差要求时的注法

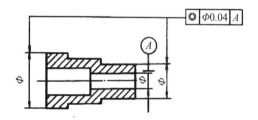

图 6-35 多个被测要素有相同
形位公差要求时的注法

4. 形位公差的识读示例

例 6-1 图 6-36 所注的形位公差的含义是：

（1）$\Phi100h6$ 外圆对孔 $\Phi45H7$ 的轴线的径向圆跳动公差为 0.025 mm；

（2）$\Phi100h6$ 外圆的圆度公差为 0.004 mm；

（3）零件上箭头所指左、右两端面之间的平行度公差为 0.01 mm。

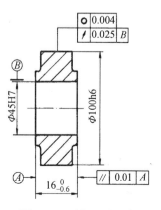

图 6-36 形位公差识读

6.5　零件的工艺结构

在确定零件的结构形状时要考虑是否便于加工制造和装配。为满足加工制造、装配和测量等工艺而设计的结构称为零件的工艺结构，包括铸造工艺结构和机械加工工艺结构等。

6.5.1　铸造工艺结构

1. 铸造圆角

铸造表面的相交处应有圆角过渡，以防止起模时尖角处落砂和在冷却过程中产生缩孔和裂纹，如图 6-37 所示。铸造圆角的半径一般取壁厚的 0.2～0.3 倍，且同一铸件的圆角半径应尽量相同。

2. 起模斜度

造型时为了起模方便，铸件的内外壁沿起模方向应设计必要的起模斜度，如图 6-38 所示。一般为 3°～6° 左右，在图样上可以不画也不标注，只在技术要求中说明。

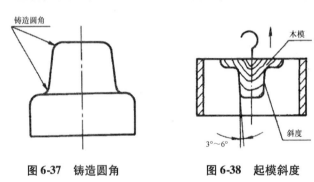

图 6-37　铸造圆角　　　　　　图 6-38　起模斜度

3. 铸件壁厚

铸件壁厚应力求均匀。若壁厚相差较大，要逐渐过渡以防止产生缩孔或裂纹，如图 6-39 所示。

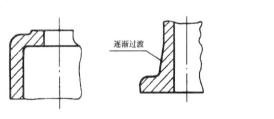

(a) 壁厚均匀　　　(b) 壁厚不同应逐渐过渡　　　(c) 铸件壁厚处理不当可能产生缺陷

图 6-39　铸件壁厚应均匀

6.5.2 机械加工工艺结构

1. 倒角或圆角

为了便于装配和防止划伤人手，常在轴端、孔端和台阶处加工出倒角，如图 6-40 所示。为了避免应力集中，轴肩、孔肩转角处常加工成圆角，如图 6-41 所示。

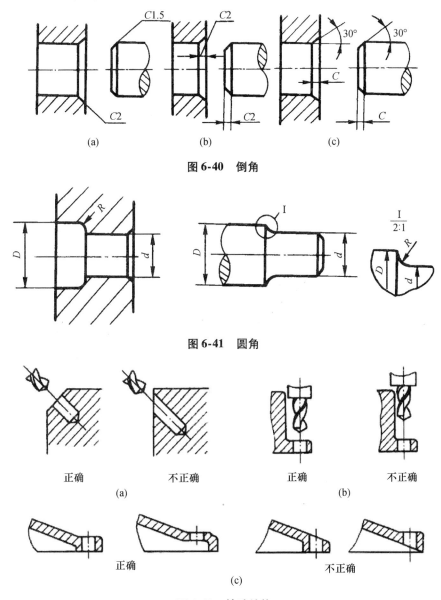

图 6-40 倒角

图 6-41 圆角

图 6-42 钻孔结构

2. 钻孔结构

零件上各种不同形式和用途的孔，大部分是用钻头加工而成的。须钻孔的零件，设计时应保证钻头的轴线垂直于被钻孔零件的表面，并且不应有半悬空孔，否则不易钻入，使孔的位置不易钻准，甚至折断钻头。另外还应留足钻孔的空间位置，便于钻孔。图 6-42

所示为钻孔对零件结构的要求。

3. 退刀槽和砂轮越程槽

车削螺纹和磨削加工时，为了便于刀具或砂轮进入或退出加工面，装配时保证与相邻零件靠紧，可预先加工出退刀槽、砂轮越程槽或工艺孔，如图 6-43 所示。

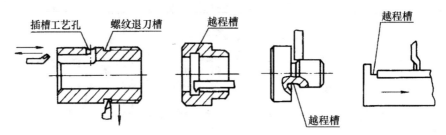

图 6-43　退刀槽（越程槽）和工艺孔

4. 凸台和凹坑

为了降低机械加工成本及便于装配，应尽量减少加工面积及接触面积。常见的方法是把要加工的部分设计、做成凸台和凹坑，如图 6-45 所示。

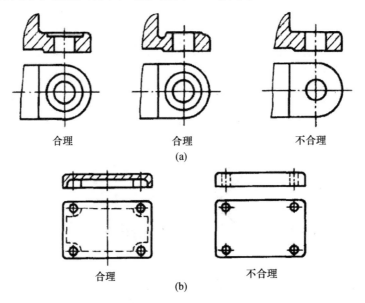

图 6-44　凸台和凹坑

6.6　读零件图

在零件设计制造、机器安装、机器的使用和维修及技术革新、技术交流等工作中，常常要读零件图。读零件图的目的是为了弄清零件图所表达的零件的结构形状、尺寸和技术要求，以便指导生产和解决有关的技术问题，这就要求工程技术人员必须具有熟练阅读零件图的能力。

6.6.1 读零件图的基本要求

读零件图的基本要求是：
（1）了解零件的名称、用途和材料。
（2）分析零件各组成部分的几何形状、结构特点及作用。
（3）分析零件各部分的定形尺寸和各部分之间的定位尺寸。
（4）熟悉零件的各项技术要求。

6.6.2 读零件图的方法和步骤

1. 概括了解

从标题栏内了解零件的名称、材料、比例等，并浏览视图，从中可初步得知零件的用途和形体概貌。

2. 详细分析

（1）分析表达方案 分析零件图的视图布局，找出主视图、其他基本视图和辅助视图所在的位置。根据剖视、断面的剖切方法、位置，分析剖视、断面的表达目的和作用。

（2）分析形体、想象零件的结构形状 这一步是看零件图的重要环节。先从主视图出发，联系其他视图、利用投影关系进行分析。一般采用形体分析法逐一弄清零件各部分的结构形状和相互位置关系，想象出整个零件的结构形状。在进行这一步分析时，往往还须结合零件结构的功能来进行，从而使分析更加容易。

（3）分析尺寸 先找出零件长、宽、高三个方向的尺寸基准，然后从基准出发，搞清楚哪些是主要尺寸，再用形体分析法找出各部分的定形尺寸和定位尺寸。

（4）分析技术要求 分析零件的尺寸公差、形位公差、表面粗糙度和其他技术要求，弄清楚零件的哪些尺寸要求高，哪些尺寸要求低，哪些表面要求高，哪些表面要求低，哪些表面不加工，以便进一步考虑相应的加工方法。

综合前面的分析，把图形、尺寸和技术要求等全面、系统地联系起来，并参阅相关资料，得出零件的整体结构、尺寸大小、技术要求及零件的作用等完整的概念。

6.6.3 读零件图举例

例 6-2 读齿轮轴零件图（图 6-45）。
（1）概括了解
从标题栏可知，该零件叫齿轮轴。齿轮轴是用来传递动力和运动的，其材料为 45 号钢，属于轴类零件。从总体尺寸看，最大直径 60 mm，总长 228 mm，属于较小的零件。
（2）详细分析
① 分析表达方案和形体结构 齿轮轴的表达方案由主视图和移出断面图组成，轮齿部分作了局部剖。主视图（结合尺寸）已将齿轮轴的主要结构表达清楚了，齿轮轴由几段不同直径的回转体组成，最大圆柱上制有轮齿，最右端圆柱上有一键槽，零件两端及轮齿两端有倒角，Ⅰ、Ⅱ两端面处有砂轮越程槽。移出断面图用于表达键槽深度和进行有关尺寸标注。
② 分析尺寸 在该齿轮轴中，两 $\Phi 35k6$ 轴段及 $\Phi 20r6$ 轴段用来安装滚动轴承及联轴

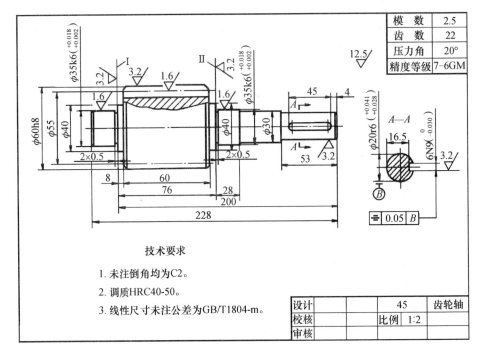

模　数	2.5
齿　数	22
压力角	20°
精度等级	7-6GM

设计			45	齿轮轴
校核		比例	1:2	
审核				

技术要求

1. 未注倒角均为C2。

2. 调质HRC40-50。

3. 线性尺寸未注公差为GB/T1804-m。

图6-45　齿轮轴零件图

器，为使传动平稳，各轴段应同轴，故径向尺寸的基准为齿轮轴的轴线。端面Ⅰ用于安装挡油环及轴向定位，所以端面Ⅰ为长度方向的主要尺寸基准，以此为基准注出了尺寸2、8、76等。端面Ⅱ为长度方向的第一辅助尺寸基准，从此基准注出了尺寸2、28。齿轮轴的右端面为长度方向尺寸的另一辅助基准，以此为基准注出了尺寸4、53等。轴向的重要尺寸，如键槽长度45，齿轮宽度60等已直接注出。

③ 分析技术要求　不难看出两个 φ35 及 Φ20 的轴颈处有配合要求，尺寸精度较高，均为 6 级公差，相应的表面粗糙度要求也较高，分别为 $\sqrt{\frac{1.6}{}}$ 和 $\sqrt{\frac{3.2}{}}$。对键槽提出了对称度要求。另外对热处理、倒角、未注尺寸公差等提出了四项文字说明要求。

例6-3　读端盖零件图（图6-46）。

（1）概括了解

由标题栏可知零件的名称是端盖，起支承密封作用，材料为灰铸铁 HT200，比例为1∶1 等。

（2）详细分析

① 分析表达方案和形体结构　端盖零件采用两个基本视图表达。主视图按加工位置投射，轴线水平放置，并作全剖视，以表达端盖上孔及方槽的内部结构。左视图则表达端盖的基本外形和四个圆孔、两个方槽的分布情况。通过视图表明该零件为有同一轴线的回转体，其整体轴向尺寸小于径向尺寸。端盖右端有与主体同轴、深为2的沉孔 φ60；左端阶梯形圆柱内铸有大端直径为 φ62、锥度为 1∶10 的锥孔；盖上均布四个 φ9 的固定圆孔；垂直方向有对称的长宽均为10的方槽两个；另有倒角、圆角等工艺结构。

② 分析尺寸　盘盖类零件通常以主要回转体的轴线、主要形体的对称中心线及较大结合面作为长、宽、高方向尺寸的主要基准。该零件的公共回转轴线为径向尺寸的主要基准，由此标出 4×φ9 孔的定位尺寸 φ88。φ105 端盖左端面Ⅰ为重要配合面，应视为长度

方向尺寸的主要基准，由此标出阶梯圆柱 φ72 的定位、定形尺寸 10。为满足工艺要求，把 φ70 左端面 Ⅱ 定为长度方向尺寸的辅助基准，并标出整体长度 34。两基准的联系尺寸为 26.5。其他尺寸为定形尺寸。

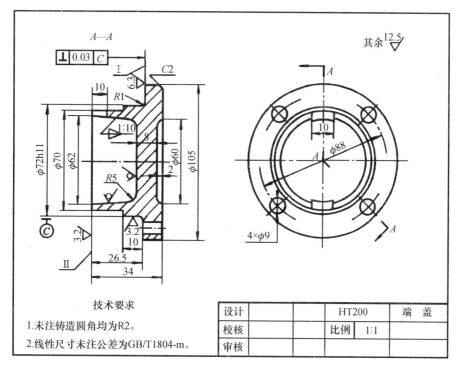

图 6-46 端盖零件图

③ 分析技术要求　图中 φ72h11 是配合尺寸。为满足端盖的配合要求，φ70 左端面和 φ72 圆柱面的表面粗糙度 Ra 值为 3.2 μm，φ105 圆柱左端面的表面粗糙度 Ra 值为 6.3 μm，锥坑内表面保持原铸造状态，其余 Ra 值均为 12.5 μm。此外，对有配合要求的 φ105 左端面有形位公差要求，φ105 左端面对 φ72 轴线的垂直度公差为 0.03。锥孔的锥度为 1∶10。所有未注铸造圆角均为 $R2$。

例 6-4　读托架零件图（图 6-47）。

（1）概括了解

由标题栏可知零件的名称为托架，主要起连接支承作用。毛坯为铸造件，材料为灰铸铁 HT150，比例为 1∶2 等。

（2）详细分析

① 分析表达方案和形体结构　该零件用两个基本视图、一个局部视图、一个移出断面共四个图形来表达。主视图按照工作位置进行投影，以突出托架的形体结构特征。主视图上有两处作了局部剖视，一处表达托板上的凹槽、长腰孔的内部结构及板厚；另一处则表达 φ35H9 孔和 2×M8-6H 螺孔的内形及两者贯通的结构情况。俯视图主要表达托架的整体外形结构及长腰孔的位置分布情况。B 向局部视图主要表达凸台的端面形状及两个螺孔的分布情况。用移出断面着重表达 U 形肋板的断面结构及大小。从视图中可看出，托架的结构分为上、中、下三部分：上方为长方形托板，板中间开有深为 2 的凹槽，两边各有一个 $R6$ 的长腰形孔，为安装紧固螺栓之用；下方为 φ55 圆筒，右下侧有 $R9$ 长腰凸台，并钻有两个 M8-6H 的螺孔，中间为 U 形肋板，把上、下部分连接成整体。

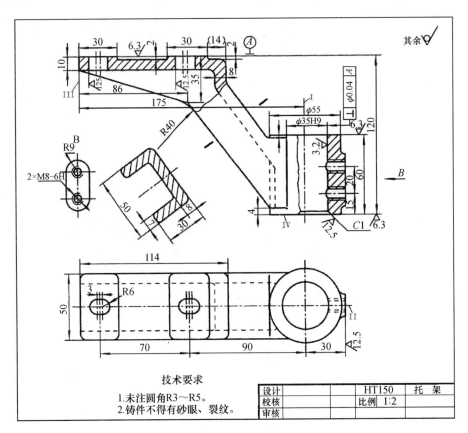

图 6-47　托架零件图

　　② 分析尺寸　叉架类零件常以主要轴线、对称平面、安装基面或较大端面作为尺寸的主要基准，从该零件设计及工艺方面考虑，应以圆筒的轴线 I 作为长度方向尺寸的主要基准，并分别标出凸台的尺寸 30、右长腰孔尺寸 90、U 形肋板尺寸 25 等定位尺寸。把上托板左端面 III 定为长度方向尺寸的辅助基准，由此标出到凹槽的尺寸 30、U 形板转折处尺寸 86 等定位尺寸。两基准之间注有联系尺寸 175。

　　由于托板上平面 A 为重要结合面，应作为高度方向尺寸的主要基准，依此标注出 2、35 等定位尺寸。考虑到加工的复杂性，把圆筒下端面 IV 作为高度方向尺寸的辅助基准，依次标注出 U 形板连接处尺寸 4、下螺孔尺寸 15 等定位尺寸。两基准之间的联系尺寸是 120。

　　因为托架前后对称，所以其对称中心平面 II 即为宽度方向尺寸的主要基准。另外如两螺孔中心距离 20、两长腰孔中心距 70 等也属于定位尺寸。

　　③ 分析技术要求　根据托架的功用可知，ϕ35H9 孔将与轴配合，其表面粗糙度 Ra 值为 3.2 μm。托架上平面为重要结合面，其表面粗糙度 Ra 值为 6.3 μm。ϕ55 圆筒两端面的表面粗糙度 Ra 值为 6.3 μm，长腰形孔的表面粗糙度 Ra 值为 12.5 μm。图样右上角的"其余 $\sqrt{}$"，表示图中未注明的表面粗糙度均为原毛坯表面状态。

　　形位公差也有一项要求，图中注出 ϕ5H9 孔的轴线对托架上平面 A 的垂直度公差为 ϕ0.04。另外，要求整个铸件不得有砂眼、裂纹，所有结构的未注圆角均为 $R_3 \sim R_5$。

　　例 6-5　读泵体零件图（图 6-48）。

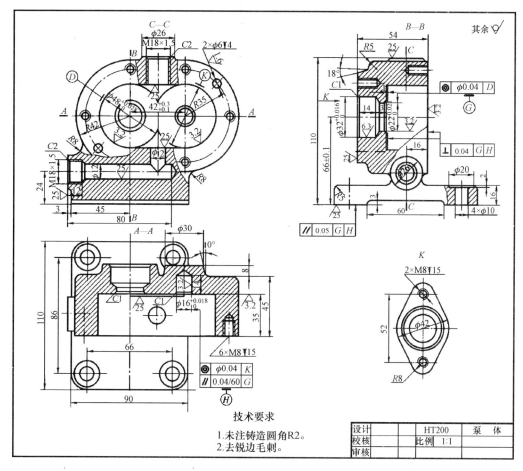

图 6-48 泵体零件图

（1）概括了解

通过标题栏了解零件的名称为泵体，知道它是齿轮油泵中的一个主要零件。从它的空腔部分看，泵体的作用是安装一对啮合齿轮，以使齿轮运转时，将油从上部进油口吸入，从下部出油口压出。毛坯为铸造件，材料为灰铸铁 HT200，比例为 1∶1 等。

（2）详细分析

① 分析表达方案和形体结构　泵体零件图由主、左、俯三个基本视图和一个局部视图组成。在主视图中，对进、出油口作了局部剖，它反映了壳体的结构形状及齿轮腔的进、出油口在长、高方向的相对位置；俯视图画成全剖视图（A—A），将安装一对齿轮的齿轮腔及安装两齿轮轴的孔和六个螺孔剖出。同时还反映了安装底板的形状、四个螺栓孔的分布情况，以及底板与壳体的相对位置。左视图画成局部剖视图。从剖视图上看，剖切位置过主动轴的轴孔轴心线，但该孔已在全剖的俯视图中表示清楚。因此，这个剖视图主要是为了表达腰圆形凸台（见 K 向视图）上两个螺孔及进、出油口与壳体、安装底板之间的相对位置。通过对一组视图的观察、分析，可了解到零件的大体结构、形状。

② 分析尺寸　看零件图上的尺寸，应首先找出三个方向的尺寸基准，然后从基准出发，按形体分析法，找出各组成部分的定形、定位尺寸。泵体长度方向的基准为安装板的左端面。主动轴轴孔和出油口端面即以此为基准而注出定位尺寸 45、3。再以主动轴轴孔的轴线为辅助基准，注出它与被动轴轴孔的中心距 $42^{+0.3}_{+0.1}$。高度方向的基准为安装板的底

面，以此为基准注出两轴孔的中心高为 66 ± 0.1、出油口的中心高为 24。宽度方向的基准为安装板和出油孔道的对称平面，以此为基准确定壳体前端面的定位尺寸为 16。通过尺寸分析，进一步看清该零件各部分的形状、大小和相对位置。

③ 分析技术要求　为了保证齿轮、轴与泵体装配后油泵的工作性能，图上标注了轴孔 $\phi 16^{+0.018}_{0}$、$\phi 22^{+0.021}_{0}$ 及齿轮腔 $\phi 48^{+0.028}_{0}$ 的尺寸偏差，以及两孔轴线对齿轮腔轴线的同轴度公差为 $\phi 0.04$，$\phi 16$ 孔轴线对于 $\phi 22$ 孔轴线的平行度公差为 $0.04/60$ 等位置公差要求。

第7章 装 配 图

7.1 装配图的作用和内容

装配图是表达机器或部件的工作原理、装配关系、传动路线、连接方式及零件的基本结构的图样。装配图和零件图一样，是生产和科研中的重要技术文件之一。

7.1.1 装配图的作用

装配图在科研和生产中起着十分重要的作用。在设计产品时，通常是根据设计任务书，先画出符合设计要求的装配图，再根据装配图画出符合要求的零件图；在制造产品的过程中，要根据装配图制订装配工艺规程来进行装配、调试和检验产品；在使用产品时，要从装配图上了解产品的结构、性能、工作原理及保养、维修的方法和要求。

图 7-1 为滑动轴承分解图，滑动轴承是支撑轴的一个部件。它的主体部分是轴承座和轴承盖。为了减少轴、孔之间的摩擦力和便于磨损后维修，用轴衬和轴接触，并制成上下两部分，采用耐磨材料铸造青铜，中间还开有油槽，以利润滑。为了调整轴衬与轴的松紧，座和盖之间还留有间隙。为了注入润滑油，在轴承盖顶部安装油杯，通过固定套和上轴衬定位。

最后通过螺栓将轴承座与轴承盖连接在一起。

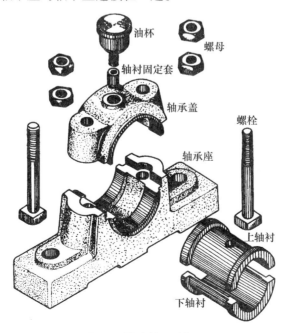

图 7-1　滑动轴承分解图

7.1.2　装配图的内容

图 7-2 为滑动轴承的装配图，从中可以看出一张装配图应包括下列内容。

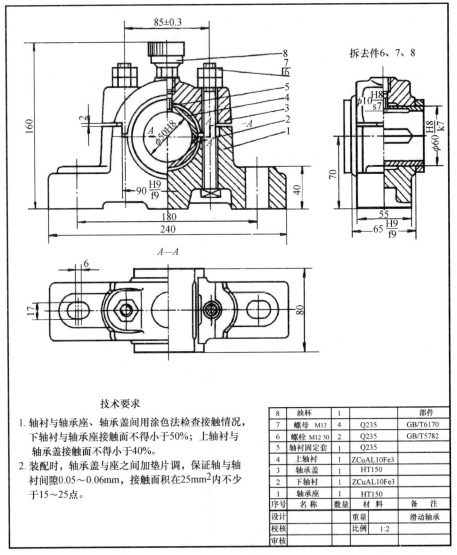

图7-2　滑动轴承装配图

（1）一组视图。用以表达机器或部件的工作原理、装配关系、传动路线、连接方式及零件的基本结构。

（2）必要的尺寸。用以表示机器或部件的性能、规格、外形大小及装配、检验、安装所需的尺寸。

（3）技术要求。用符号或文字注写的机器或部件在装配、检验、调试和使用等方面的要求、规则和说明等。

（4）零件的序号和明细栏。组成机器或部件的每一种零件（结构形状、尺寸规格及材料完全相同的为一种零件），在装配图上，必须按一定的顺序编上序号，并编制出明细栏。明细栏中注明各种零件的序号、名称、数量、材料、备注等内容，以便读图、图样管理及进行生产准备、生产组织工作。

（5）标题栏。说明机器或部件的名称、图样代号、比例、重量及责任者的签名和日期等内容。

7.2 装配图的表达方法

在本书前面的章节中曾介绍了机件的各种表达方法，这些表达方法对表达机器（或部件）同样适用。由于装配图表达的是由若干零件组成的机器（或部件），所以，除了选用前面所讨论的各种表达方法外，还有一些表达机器（或部件）的特殊表达方法和规定画法。

7.2.1 装配图的规定画法

为了使看图者能够顺利地读懂装配图所反映的各零件间的结合情况，国家标准规定绘制装配图时应遵守以下规定。

（1）两相邻零件的接触表面、基本尺寸相同的配合面，规定只画一条轮廓线；非接触面、非配合面，即使间隙很小，也要夸大地画出各自的轮廓线，即在该处画出两条线。如图 7-2 所示，其中上下轴衬与轴承盖和轴承座内孔为配合面，只画一条线；螺母与轴承盖之间是接触面，也只画一条线；螺栓杆身与轴承盖和轴承座的通孔之间为非接触面，虽然间隙很小，但仍要画出各自的轮廓线。

（2）在剖视和断面图中，相邻的两个（或两个以上）零件的剖面线方向应相反或一致，一致时应间距大小不同、互相错开以区分不同的零件。在同一张装配图中，同一零件的剖面线方向和间距，在所有剖视、断面图中都必须一致。

（3）在装配图中，对于实心件（轴等）和标准件（如螺栓、螺母、垫圈、键、销杆、球等），当剖切平面通过其轴线（沿纵向剖切）时，这些零件均按不剖绘制，即不画剖面线。如图 7-2 中的螺母、螺栓。

按照以上基本规定，可以通过装配图上剖与不剖，剖面线的方向与间隔的差异，相邻两零件之间画一条或两条线，将装配图中各零件的轮廓范围分清，查明装配关系，顺利地看懂装配图。

7.2.2 装配图的特殊表达方法

1. 拆卸画法

装配体上的零件间往往有重叠现象，当某些零件遮住了需要表达的结构与装配关系时，可采用以下拆卸画法。

（1）假想将一些零件拆去后再画出剩下部分的视图。如图 7-2 中的左视图就是假想拆去螺栓、螺母等后画出的。

（2）假想沿零件的结合面剖切，相当于把剖切面一侧的零件拆去，再画出剩下部分的视图，如图 7-2 俯视图所示。此时，零件的结合面上不画剖面线，但被剖切到的零件必须画出剖面线。

2. 假想画法

（1）当需要表达所画装配体与相邻零件或部件的关系时，可用细双点画线假想画出相邻零件或部件的轮廓，如图7-3所示的床头箱。

（2）当需要表达某些运动零件或部件的运动范围及极限位置时，可用细双点画线画出其极限位置的外形轮廓。

3. 简化画法

以下几种情况可用简化画法：

（1）在装配图中，零件的工艺结构，如小圆角、倒角、退刀槽等可不画出。

（2）在装配图中，螺栓、螺母等可按简化画法画出，如图7-2中的螺栓。

（3）对于装配图中若干相同的零件组，如螺栓、螺母、垫圈等，可只详细地画出一组或几组，其余只用细点画线表示出装配位置即可，如图7-2中的两处螺栓只画出一处。

（4）装配图中的滚动轴承，可只画出一半，另一半按规定画法画出，详见第5章。

4. 展开画法

为了表达传动机构的传动路线和装配关系，可假想按传动顺序沿轴线剖切，然后依次将各剖切平面展开在一个平面上，画出其剖视图。此时应在展开图的上方注明"×—×展开"字样，如图7-3所示。

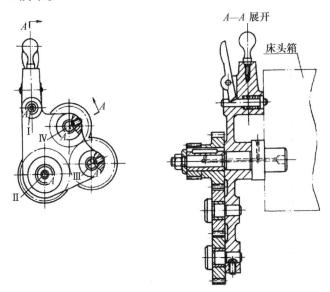

图7-3　三星齿轮传动机构的展开画法

5. 夸大画法

在装配图中，如绘制厚度很小的薄片或间隙较小（≤2 mm）时，这些结构可不按原比例而夸大画出，如第5章中所述的普通平键连接。

7.3　装配图的尺寸标注

由于装配图的作用与零件图不同，所以在装配图中标注尺寸时，不必把制造零件所需的全部尺寸标出来，而只须标注以下几类尺寸。

7.3.1　性能（规格）尺寸

性能（规格）尺寸是反映产品的规格大小及性能特征的尺寸，是产品设计和选用的依据。如图 7-2 中的尺寸 $\phi50H8$ 和 70，表明该轴承座只能用于支承轴颈基本尺寸为 $\phi50$ 和中心高为 70 的轴承座。

7.3.2　装配尺寸

装配尺寸是与产品及其组成部分的装配质量有关的尺寸。装配尺寸一般分为以下两类。

（1）配合尺寸。配合尺寸是指零件间配合性质的尺寸。如图 7-2 中，轴承座与轴承盖之间的配合尺寸为 90H9/f9；上下轴衬与轴承盖、座间的配合尺寸为 $\phi60H8/k7$。

（2）相对位置尺寸。相对位置尺寸是零件或部件间在装配时需要保证相对位置的尺寸。如图 7-2 中轴承盖与轴承座两平面的间距 2 为相对位置尺寸。

7.3.3　安装尺寸

安装尺寸是零、部件与机器间或机器与地基间在安装时的尺寸。如图 7-2 中轴承座的两孔中心距 180。

7.3.4　外形尺寸

外形尺寸是机器或部件的最大外形轮廓尺寸，即总长、总宽、总高尺寸。如图 7-2 中滑动轴承的总长 240、总宽 80、总高 160 都属于外形尺寸。

以上几类尺寸并非在每张装配图上都必须注全，要根据具体情况而定。另外，有时同一个尺寸可能有多种含义。如图 7-2 中的尺寸 70，既是规格尺寸又是安装尺寸。

7.4　装配图中零、部件的序号和明细栏

为方便读图和组织生产，装配图中所有的零部件都必须编写序号，并与明细栏中的序号一致，以便统计零件数量，准备生产。同时，在看装配图时，也可根据零件序号查阅明细栏，以了解零件的名称、材料及数量等，从而有利于看图及图样管理。

7.4.1　零、部件的序号

装配图中零、部件序号的编号方法如下。

（1）装配图中每种零件或组件都要进行编号。形状、尺寸完全相同的零件只编一个序号，数量填写在明细栏中。同一标准的组件（如滚动轴承、电机等）也只编一个序号。

（2）编号的形式通常有三种：在指引线的水平线（细实线）上或圆（细实线）内注写序号，序号字高比该装配图中所注尺寸数字大一号，如图 7-4（a）所示；或大两号，如图 7-4（b）所示；在指引线附近注写序号，序号字高比尺寸数字大两号，如图 7-4（c）所

示。但在同一张装配图中编号的形式应一致。

　　（3）指引线应从所指部分的可见轮廓线内引出，并在末端画一圆点。若所指部分（很薄的零件或涂黑的剖面）内不便画圆点时，可在指引线的末端画出箭头，并指向该部分的轮廓，如图7-4（d）所示。

　　（4）装配关系清楚的紧固件组，可以采用公共指引线，如图7-5所示。

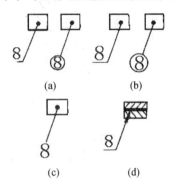

图7-4　零件编号的形式

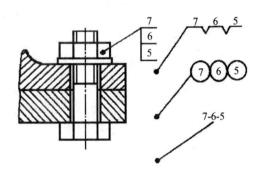

图7-5　紧固件的组合编号法

　　（5）指引线应尽可能分布均匀，不能彼此相交。当通过有剖面线的区域时，不应与剖面线平行，必要时，指引线可以画成折线，但只可曲折一次。

　　（6）装配图中序号应按水平或垂直方向排列整齐。序号按顺时针或逆时针方向顺次排列，在整个图上无法连续时，可只在每个水平或垂直方向上顺次排列，如图7-2所示。

　　零件序号的编制方法一般是将一般件与标准件混合编制在一起，也可只将一般件编号填入明细栏，而将标准件直接在图上标出或另列专门表格。

7.4.2　明细栏

　　明细栏应放在标题栏的上方，并与标题栏相连接，当地方不够时，可将明细栏的一部分移至标题栏的左边，若还不够可再向左移，其格式如图7-2所示。零件序号应自下而上有序填写，以便增加零件或有漏编零件时，可以向上添加。标准件应填写其形式规格和标准代号，有些零件的重要参数（如齿轮的齿数、模数等），可填入备注栏内。零件的明细栏除其外边框线为粗实线外，其余各线均为细实线。

7.5　由零件图画装配图

　　设计机器或部件需要画出装配图。画装配图时，先要了解装配体的工作原理、每种零件的数量及其在装配体中的功能和零件间的装配关系。现以图7-6所示的球阀为例，说明由零件图画装配图的步骤和方法，其主要零件图见图7-7～图7-9，还有一些非标准件的零件图，由于篇幅有限，此处没有全部列出。

7.5.1　了解部件的装配关系和工作原理

　　通过对实物或装配示意图进行仔细的分析，从而了解各零件间的装配关系和部件的工作原理。

如图7-6，球阀是阀的一种，其阀心是球形的，是液压系统中用于启闭和流量调节的一个部件。其装配关系是：阀体1和阀盖2均带有方形的凸缘，它们用四个双头螺柱6和螺母7连接，并用合适的调整垫5来调节阀芯4与密封圈3之间的松紧程度。在阀体上部有阀杆12，阀杆下部有凸块，榫接阀芯4上的凹槽。为了密封，在阀体与阀杆之间加进填料垫8、填料9和10，并且旋入填料压紧套11。

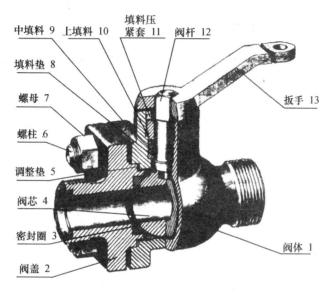

图 7-6 球阀的轴测装配图

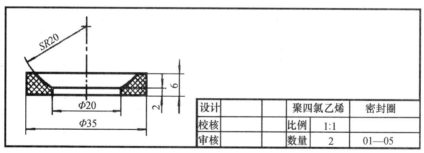

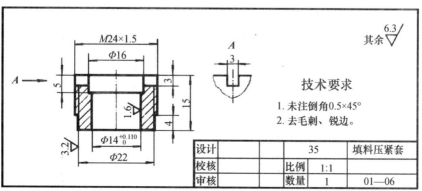

图 7-7 球阀零件图（一）

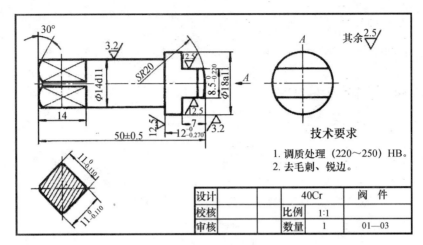

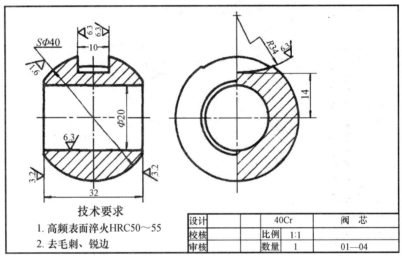

图 7-8　球阀零件图（二）

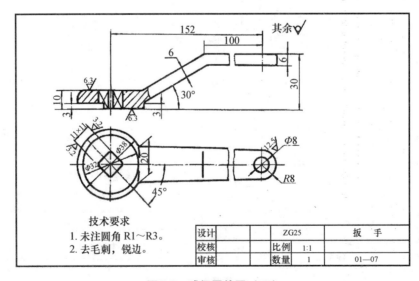

图 7-9　球阀零件图（三）

球阀的工作原理是：扳手 13 的方孔套进阀杆 12 上部的四棱柱，当扳手处于图示的位置时，则阀门全部开启，管道畅通；当扳手按顺时针方向旋转 90° 时（如图 7-10 所示，装配图的俯视图中细双点画线所示的位置），则阀门全部关闭，管道断流。从俯视图的 *B—B* 局部剖视中，可以看到阀体 1 顶部定位凸块的形状，该凸块用以限制扳手 13 的旋转位置。其上各个零件的主要形状大多也可以从图 7-6～图 7-9 中看出。

7.5.2 确定表达方案

根据已学过的的各种表达方法（包括装配图的一些特殊的表达方法），考虑选用何种表达方案，才能较好地反映部件的装配关系、工作原理和主要零件的结构形状。

画装配图与画零件图一样，应先确定表达方案，也就是视图选择。首先，选定部件的安放位置和选择主视图；然后，再选择其他视图。

1. 装配图的主视图选择

部件的安放位置，应与部件的工作位置相符合，这样对于设计和指导装配来说都比较方便。

如手动气阀的工作位置一般是将其阀体轴线铅垂放置。当部件的工作位置确定后，接

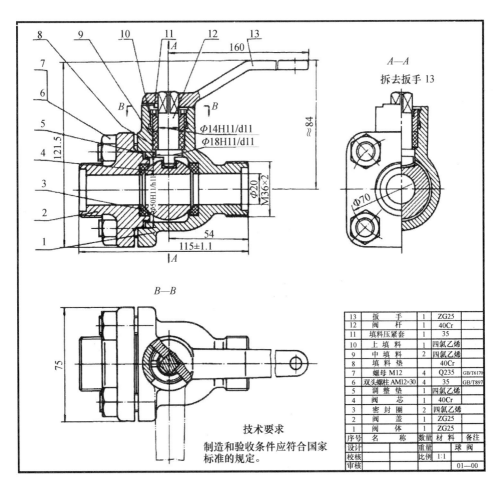

13	扳 手	1	ZG25	
12	阀 杆	1	40Cr	
11	填料压紧套	1	35	
10	上 填 料	1	四氯乙烯	
9	中 填 料	2	四氯乙烯	
8	填 料 垫		40Cr	
7	螺母 M12	4	Q235	GB/T6170
6	双头螺柱 AM12×30	4	35	GB/T897
5	调 整 垫		四氯乙烯	
4	阀 芯	1	40Cr	
3	密 封 圈	2	四氯乙烯	
2	阀 盖	1	ZG25	
1	阀 体	1	ZG25	
序号	名 称	数量	材料	备注
设计		重量	球阀	
校核		比例	1:1	
审核			01—00	

技术要求
制造和验收条件应符合国家标准的规定。

图 7-10 球阀装配图

着就选择部件的主视图方向。应选用能清楚地反映主要装配关系和工作原理的那个视图作为主视图，并采取适当的剖视，比较清晰地表达各个主要零件以及零件间的相互关系。

2. 其他视图的选择

根据确定的主视图，再选取能反映其他装配关系、外形及局部结构的视图。如图 7-10 所示，球阀沿前后对称面剖开的主视图，虽清楚地反映了各零件间的主要装配关系和球阀的工作原理，但是球阀的外形结构以及其他一些装配关系还没有表达清楚。于是选取左视图，补充反映它的外形结构；选取俯视图，并作 B—B 局部剖，反映扳手与定位凸块的关系。

3. 画装配图

确定了部件的视图表达方案后，根据视图表达方案以及部件的大小与复杂程度，选取适当比例，安排各视图的位置，从而定图幅，着手画图。

画图时，应先画出各视图的主要轴线（装配干线）、对称中心线和作图基准线（某些零件的基面或端面）。由主视图开始，几个视图配合进行。画剖视图时，以装配干线为准，由内向外逐一画出各个零件，也可由外向内画，视作图方便而定。底稿线完成后，需经校核，然后画出尺寸界线和尺寸线，再画剖面线，再检查无误后加深。最后，编写零、部件序号，填写尺寸数字、标题栏和明细栏，提出技术要求，再经校核，签署姓名。

按照上述要求完成的球阀装配图，如图 7-10 所示。

7.6　读装配图和拆画零件图

7.6.1　读装配图

在生产中，经常要读装配图。例如当零件最后加工完后，需要按照装配图把它们装配在一起；当机器发生故障时，需要对照装配图进行修理。

1. 读装配图的要求

通过读装配图应达到以下三项要求：

（1）了解机器的工作原理，即了解机器或部件是如何实现其功能的，运动和动力是如何传递的。

（2）了解各零件之间的装配关系，即了解各零件的相对位置，连接和固定方式，配合松紧程度和装拆顺序。

（3）了解各零件的名称、数量、材料、重量、作用和主要结构形状。

2. 读装配图的步骤和方法

现以机用虎钳（见图 7-11）为例，说明读装配图的一般步骤和方法。

（1）了解概况，分析视图关系

读装配图时，首先应看标题栏、明细栏和技术要求。从标题栏中了解机器或部件的名称、比例和用途等；从明细栏中了解零件的名称、数量、材料等；从技术要求中了解机器或部件的技术性能指标。例如，从图 7-11 中可知，产品的名称是机用虎钳，结合生产实

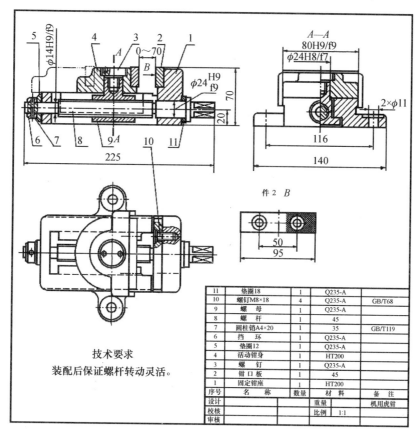

图 7-11 机用虎钳装配图

践知识，可以联想出它是机床上用来夹持加工零件的部件。从明细栏里可知该部件共有 11 种零件以及它们的名称、代号、数量、材料等；从代号和数量栏中可统计出标准零件有 4 种共 7 件，非标准零件有 7 种共 8 件，由此可知机用虎钳是由 15 个零件装配而成的。从技术要求中可知机用虎钳的装配质量指标是两钳口间的平行度及夹紧时的间隙要求。了解上述情况后，对机用虎钳就有了初步认识。

　　了解概况后，就可以分析视图关系了。分析视图关系是为了弄清装配图采用了哪些视图、剖视图、断面图，以及它们之间的相互关系和各自的表达意图，为下阶段深入读图做准备。例如，机用虎钳装配图共用了四个图形，主视图采用了全剖视，它表达了机用虎钳的工作位置和最明显的装配关系，绝大多数的零件序号是从主视图上引出的，表达固定钳身与钳口板的螺钉连接关系。左视图采用了半剖视，表达了整个部件的内、外结构形状。另外，采用 B 向视图表达钳口板形状。

　　(2) 分析装配干线，看懂零件形状，明确装配关系

　　这是读装配图的关键阶段，要求深入细致地读图。读图时，应以反映装配关系最明显的视图（一般为主视图）为主，配合其他视图，首先分析装配干线。例如，从主视图上可分析出以螺杆轴线为主的一条装配干线，如固定钳座、螺杆、螺母、活动钳身、垫圈、圆柱销等都是沿着这条轴线依次装配起来的。

　　分析了装配干线后，再在装配图中区分出不同的零件，看懂零件形状和作用。在装配图中区分不同零件，最常用的方法有以下三种：

　　① 利用剖面线的方向和间隔来区分。

②利用轴、杆等实心件和标准件不剖的规定来区分。

③利用视图间的三等投影规律来区分。

在分析装配干线和看懂零件形状的基础上，按每条装配干线，弄清楚机器或部件的装配关系。装配关系可从以下几方面来分析：

●辨别零件的动、静关系　分清哪些零件是运动的，是如何运动的（旋转、移动、摆动、往复等）；哪些零件是不能动的。例如，机用虎钳的固定钳座是不能动的，活动钳身、螺杆、螺母是动的；螺杆作旋转运动时，螺母和活动钳身作往复移动。零件的动、静关系，一般可通过配合关系和连接关系来辨别。

●装拆顺序　机用虎钳的装配顺序是：先用螺钉10将钳口板2分别固定在固定钳座1和活动钳身4上，将螺母9放在固定钳身的槽中；然后将套上垫圈11的螺杆8先后装入固定钳座和螺母的孔（Φ24）、螺孔（Φ14）中，再在螺杆左端装上垫圈5、挡圈环6，并配作销孔装入销7；最后将活动钳身对准螺母上端圆柱装在固定钳座上，在螺母上端旋紧螺钉3。拆卸顺序与装配顺序相反。

（3）分析工作原理

在读懂零件结构和装配关系的基础上，再进一步了解机器部件的工作原理。分析时可从传动关系入手。例如机用虎钳的工作原理是：当螺杆在固定钳座内旋转时，通过螺母使活动钳身作往复直线运动，两钳口板将工件夹紧或松开。

通过前阶段的读图后，结合下列问题，再来检验是否真正读懂了装配图。

①是否看懂全部零件（特别是主要零件）的基本结构形状和作用。

②是否看懂反映工作原理的装配关系，运动零件如何运动，运动范围如何，零件的连接方式和装拆顺序如何。

③图上所注尺寸各属于哪一类？采用了哪几种配合？

结合以上问题读图，就会对机用虎钳有一个完整的认识，如图7-12所示。

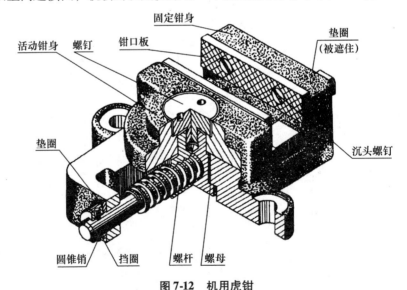

图7-12　机用虎钳

7.6.2　由装配图拆画零件图

由装配图拆画零件图简称为拆图。拆图应在全面读懂装配图的基础上进行，首先要确定零件的结构形状，然后确定零件的表达方案、尺寸标注和技术要求等。以下根据图 7-11 所示的机用虎钳装配图，拆画固定钳座零件图（见图 7-13）的实例，介绍拆图的一般步骤和方法。

1. 读懂装配图

按前面所述读装配图的要求和步骤，将装配图读懂。

2. 确定零件的结构形状

由于装配图主要是表达机器或部件的装配关系，因此对某些零件，特别是形状复杂的零件，往往表达不完全，还须在装配图上区分出零件的投影轮廓线（剖面轮廓线或视图轮廓线）后，补全必要的投影和被省略的工艺结构，再根据零件的作用、零件的结构和装配结构来补充完善。例如，在机用虎钳装配图（图 7-11）中，固定钳座的形状较为复杂，除了在装配图的主、左、俯视图上区分其投影轮廓线外，还须补全被遮挡住的投影及被省略的工艺结构，才能确定装配图上尚未表达清楚的结构形状。

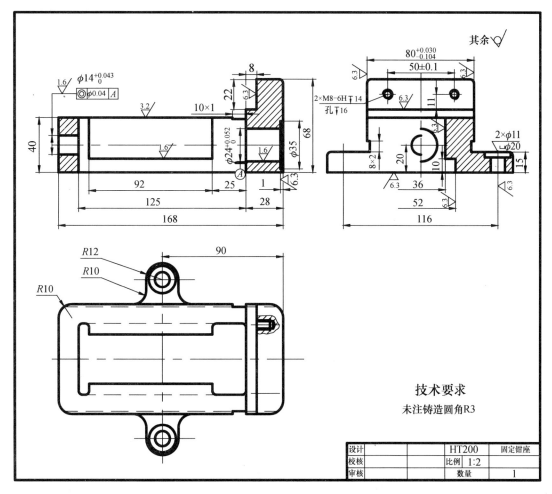

图 7-13 拆画零件图

3. 确定零件的表达方案，画零件图

在拆画零件图时，不能机械地照抄装配图中的零件表达方案，而应从零件的总体结构形状考虑，重新确定其表达方案。例如固定钳座零件图的主视图选择，是与装配图的主视图一致的。若拆画钳口板零件图，其主视图应选择装配图中的 *B* 向视图，用两个图形表达即可；拆画螺钉（序号 3）零件图时，则应以加工位置选择其主视图（即将其轴线水平放置），只须用一或两个图形来表达。

4. 确定零件的尺寸

凡是在装配图上已经注出的尺寸，都是重要尺寸，一般应直接移注到零件图上，不能任意变动。对于标准结构，如倒角、退刀槽、键槽、螺栓孔直径、沉孔、铸造斜度等，应查阅有关标准。装配图上未标注的零件尺寸，可在装配图上按比例直接量取，并适当圆整为标准数值。

5. 确定零件的技术要求

零件的技术要求应根据其功能、装配关系和装配图上提出的要求来确定，也可参考有关资料或类似产品图样确定。

确定表面粗糙度时，一般应根据零件表面的作用进行选择，有相对运动和有配合要求的表面粗糙度 Ra 值较小；自由表面的粗糙度 Ra 值较大。零件的尺寸公差应根据装配图上的配合代号分解查表，如图 7-11 上的 $\Phi24H9/f9$，应在螺杆和固定钳座零件图上分别标注为 $\Phi24f9$ 和 $\Phi24H9$，或查出其偏差值进行标注，在图 7-13 中即采用偏差注法。根据机用虎钳的功能要求，对固定钳座制定了形状公差（同轴度），以保证螺杆转动时的稳定性。

附　　录

1　螺　　纹

附表 1-1　普通螺纹的直径、螺距和基本尺寸（摘自 GB/T 196—1981）

公称直径 D, d	螺距 P		粗牙中径 D_2, d_2	粗牙小径 D_1, d_1
	粗　牙	细　牙		
3	0.5	0.35	2.675	2.459
4	0.7	0.5	3.545	3.242
5	0.8	0.5	4.480	4.134
6	1	0.75,（0.5）	5.350	4.917
8	1.25	1, 0.75,（0.5）	7.188	6.647
10	1.5	1.25, 1, 0.75,（0.5）	9.026	8.376
12	1.75	1.5, 1.25, 1,（0.75）,（0.5）	10.863	10.106
16	2	1.5, 1,（0.75）,（0.5）	14.701	13.835
20	2.5	2, 1.5, 1,（0.75）,（0.5）	18.376	17.294
24	3	2, 1.5, 1,（0.75）	22.051	20.752
30	3.5	（3）, 2, 1.5, 1,（0.75）	27.727	26.211
36	4	3, 2, 1.5,（1）	33.402	31.670
42	4.5	（4）, 3, 2, 1.5,（1）	39.077	37.129
48	5	（4）, 3, 2, 1.5,（1）	44.752	42.587
56	5.5	4, 3, 2, 1.5,（1）	52.428	50.046
64	6	4, 3, 2, 1.5,（1）	60.103	57.505

注：1. 只列入优先选用的第一系列，第二系列和第三系列未列入。
　　2. 括号内的螺距尽可能不用。

2　螺 纹 紧 固 件

2.1　六角头螺栓

六角头螺栓—A 和 B 级（GB/T 5782—2000）六角头螺栓—全螺纹—A 和 B 级（GB/T 5783—2000）

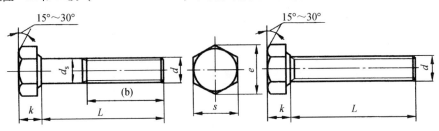

标记示例

螺纹规格 d = M12、公称长度 L = 80 mm、性能等级为 8.8 级、表面氧化、产品等级为 A 级的六角头螺栓：

螺栓　GB/T 5782　M12 × 80

螺纹规格 d = M12、公称长度 L = 80 mm、性能等级为 8.8 级、表面氧化、全螺纹、产品等级为 A 级的六角头螺栓：

螺栓　GB/T 5783　M12 × 80

附表 2-1　六角头螺栓　　　　　　　　　　　　　　　　　单位：mm

	螺纹规格 d	M6	M8	M10	M12	M16	M20	M24	M30	M36	M42
b 参考	$L \leqslant 125$	18	22	26	30	38	46	54	66		
	$125 < L \leqslant 200$	24	28	32	36	44	52	60	72	84	96
	$L > 200$	37	41	45	49	57	65	73	85	97	109
	k	4	5.3	6.4	7.5	10	12.5	15	18.7	22.5	26
	d_{smax}	6	8	10	12	16	20	24	30	36	42
	S_{max}	10	13	16	18	24	30	36	46	55	65
e_{min}	A 级	11.05	14.38	17.77	20.03	26.75	33.53	39.98			
	B 级	10.89	14.2	17.59	19.85	26.17	32.95	39.55	50.85	60.79	72.02
L 范围	GB/T 5782	30—60	40—80	45—100	50—120	65—160	80—200	90—240	110—300	140—360	160—440
	GB/T 5783	12—60	16—80	20—100	25—120	30—200	40—200	50—200	60—200	70—200	80—200
L 系列	GB/T 5782	20—65（5 进位）、70—160（10 进位）、180—400（20 进位）； L 小于最小值时，全长制螺纹									
	GB/T 5783	8、10、12、16、18、20—65（5 进位）、70—160（10 进位）、180—500（20 进位）									

注：1. 螺纹公差：6g；机械性能等级：8.8；末端倒角按 GB/T2 规定。

2. 产品等级：A 级用于 d = 1.6～24 mm 和 $L \leqslant 10d$ 或 $L \leqslant 150$ mm（按较小值）；B 级用于 $d > 24$ mm 或 $L > 10d$ 或 $L > 150$ mm（按较小值）的螺栓。

3. 螺纹均为粗牙。

2.2　六角螺母

Ⅰ型六角螺母—A级和B级（GB/T 6179—2000）　　　　六角螺母—C级（GB/T 41—2000）

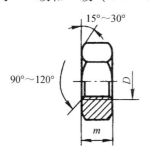
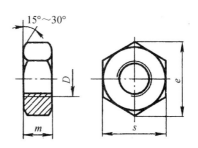

标记示例

螺纹规格 D = M12、性能等级为10级、不经表面处理、产品等级为A级的Ⅰ型六角螺母：

螺母 GB/T 6170　M12

螺纹规格 D = M12、性能等级为5级、不经表面处理、产品等级为C级的六角头螺母：

螺母 GB/T 41　M12

附表2-2　六角螺母　　　　　　　　单位：mm

螺纹规格 D		M6	M8	M10	M12	M16	M20	M24	M30	M36	M42
s_{max}		10	13	16	18	24	30	36	46	55	65
e_{min}	A、B级	11.05	14.38	17.77	20.03	26.75	32.95	39.55	50.85	60.79	71.3
	C级	10.89	14.2	17.59	19.85	26.17	32.95	39.55	50.85	60.79	71.3
m_{max}	A、B级	5.2	6.8	8.4	10.8	14.8	18	21.5	25.6	31	34
	C级	6.4	7.9	9.5	12.2	15.9	19	22.3	26.4	31.9	34.9

注：1. A级用于 D≤16 的螺母；B级用于 D < 16 的螺母；C级用于 D≥5 的螺母。
　　2. 螺纹公差：A、B级为6H，C级为7H；机械性能等级：A、B级为6、8、10级，C级为4、5级。
　　3. 螺纹均为粗牙。

2.3　平垫圈

平垫圈—A级（GB/T 97.1—2002）　　　　平垫圈　倒角型—A级（GB/T 97.1—2002）

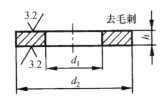
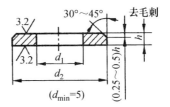

标记示例

标准系列、公称尺寸 d = 8 mm、性能等级为140 HV级、不经表面处理的平垫圈：

垫圈　GB/T 97.1　8　140 HV

附表2-3　平垫圈　　　　　　　　单位：mm

公称尺寸 （螺纹规格 d）	5	6	8	10	12	14	16	20	24	30	36
内径 d_1	5.3	6.4	8.4	10.5	13	15	17	21	25	31	37
外径 d_2	10	12	16	20	24	28	30	37	44	56	66
厚度 h	1	1.6	1.6	2	2.5	2.5	3	3	4	4	5

2.4　双头螺柱

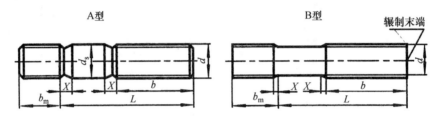

标记示例

两端均为粗牙普通螺纹，$d = 10\,\text{mm}$、$L = 50\,\text{mm}$、性能等级为 4.8 级、不经热处理及表面处理、B 型 $b_\text{m} = 1d$ 的双头螺柱：

螺柱　GB/T 897　M10×50

旋入机体一端为粗牙普通螺纹，旋入螺母一端为螺距 $P = 1\,\text{mm}$ 的细牙普通螺纹，$d = 10\,\text{mm}$、$L = 50\,\text{mm}$、性能等级为 4.8 级、不经表面处理、A 型、$b_\text{m} = 1d$ 的双头螺柱：

螺柱　GB/T 897　AM10-M10×1×50

两端均为粗牙普通螺纹，$d = 10\,\text{mm}$、$L = 50\,\text{mm}$、性能等级为 4.8 级、不经表面处理、B 型、$b_\text{m} = 1.25d$ 的双头螺柱：

螺柱　GB/T 898　M10×50

附表2-4　双头螺柱（$b_\text{m} = 1d$）GB/T 897—1988，双头螺柱（$b_\text{m} = 1.25d$）GB/T 898—1988　单位：mm

螺纹规格 d	b_m 公称		ds		X max	b	L 公称
	GB/T 897	GB/T 898	max	min			
M5	5	6	5	4.7		10	16—（22）
						16	25—50
M6	6	8	6	5.7		10	20,（22）
						14	25,（28）,30
						18	（32）—（75）
M8	8	10	8	7.64	1.5P	12	20,（22）
						16	25,（28）,30
						22	（32）—90
M10	10	12	10	9.64		14	25,（28）
						16	30—（38）
						26	40—120
						32	130

（续表）

螺纹规格 d	b_m 公称		ds		X max	b	L 公称
	GB/T 897	GB/T 898	max	min			
M12	12	15	12	11.57	1.5P	16	25—30
						20	（32）—40
						30	45—120
						36	130—180
M16	16	20	16	15.57		20	30—（38）
						30	40—50
						38	60—120
						44	130—200
M20	20	25	20	19.48	1.5P	25	35—40
						35	45—60
						46	（65）—120
						52	130—200
L 系列	16，（18），20，（22），25，（28），30，（32），35，（38），40，45，50，（55），60，（65），70，（75），80，（85），90，（95），100—200（10 进位）						

注：括号内的数值尽可能不用。

2.5　螺钉

开槽圆柱头螺钉（GB/T 65—2000）　　　开槽盘头螺钉（GB/T 67—2000）

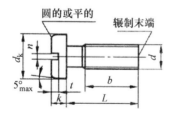
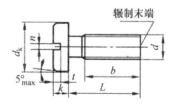

开槽沉头螺钉（GB/T 68—2000）　　　开槽半沉头螺钉（GB/T 69—2000）

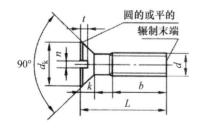
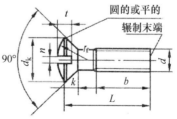

标记示例

螺纹规格 d = M5、公称长度 l = 20 mm、性能等级为 4.8 级、不经表面处理的 A 级开槽圆柱头螺钉：

螺钉　GB/T 65　M5×20

附表 2-5　螺钉　　　　　　　　　　　　　　　　单位：mm

螺纹规格 d		M3	M4	M5	M6	M8	M10
P		0.5	0.7	0.8	1	1.25	1.5
b_{min}		25	38	38	38	38	38
n 公称		0.8	1.2	1.2	1.6	2	2.5
R_f　GB/T69		6	9.5	9.5	12	16.5	19.5
k_{max}	GB/T65	2	2.6	3.3	3.9	5	6
	GB/T67	1.8	2.4	3.0	3.6	4.8	6
	GB/T68，GB/T69	1.65	2.7	2.7	3.3	4.65	5
d_{kmax}	GB/T65	5.5	7	8.5	10	13	16
	GB/T67	5.6	8	9.5	12	16	20
	GB/T68，GB/T69	5.5	8.4	9.3	11.3	15.8	18.3
t_{min}	GB/T65	0.85	1.1	1.3	1.6	2	2.4
	GB/T67	0.7	1	1.2	1.4	1.9	2.4
	GB/T68	0.6	1	1.1	1.2	1.8	2
	GB/T69	1.2	1.6	2	2.4	3.2	3.8
L 范围		4—30	5—40	6—50	8—60	10—80	12—80
L 系列		4、5、6、8、10、12、16、20、25、30、35、40、50、60、70、80					

3　键、销

3.1　圆柱销

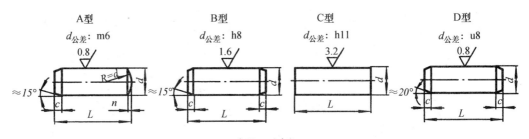

标记示例

公称直径 10 mm、长 50 mm 的 A 型圆柱销：　　　销　GB/T 119.1—2000　A10×50

附表 3-1　圆柱销（摘自 GB/T 119.1—2000）　　　　　　单位：mm

d	4	5	6	8	10	12	16	20	25	30
$a \approx$	0.50	0.63	0.80	1.0	1.2	1.6	2.0	2.5	3.0	4.0
$c \approx$	0.63	0.80	1.2	1.6	2.0	2.5	3.0	3.5	4.0	5.0
长度范围 L	8—40	10—50	12—60	14—80	18—95	22—140	26—180	35—200	50—200	60—200
L 系列	6、8、10、12、14、16、18、20、22、24、26、28、30、32、35、40、45、50、55、60、65、70、75、80、85、90、95、100、120、140、160、180、200									

3.2　普通平键及键槽的尺寸

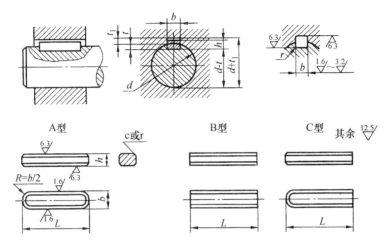

标记示例

圆头普通平键（A 型），$b = 18\,\text{mm}$，$h = 11\,\text{mm}$，$L = 100\,\text{mm}$：

键　18 × 100　GB/T1096—1979

方头普通平键（B 型），$b = 18\,\text{mm}$，$h = 11\,\text{mm}$，$L = 100\,\text{mm}$：

键　B18 × 100　GB/T1096—1979

半圆头普通平键（C 型），$b = 18\,\text{mm}$，$h = 11\,\text{mm}$，$L = 100\,\text{mm}$：

键　C18 × 100　GB/T1096—1979

附表 3-2　普通平键及键槽的尺寸（摘自 GB/T 1095—1096—1979）　　　单位：mm

d 轴径	键的公称尺寸			键槽深		r 小于
				轴	毂	
	b	h	L	t	t_1	
6—8	2	2	6—20	1.2	1.0	
< 8—10	3	3	6—36	1.8	1.4	0.16
< 10—12	4	4	8—45	2.5	1.8	
< 12—17	5	5	10—56	3.0	2.3	
< 17—22	6	6	14—70	3.5	2.8	0.25
< 22—30	8	7	18—90	4.0	3.3	
< 30—38	10	8	22—110	5.0	3.3	
< 38—44	12	8	28—140	5.0	3.3	
< 44—50	14	9	36—160	5.5	3.8	0.4
< 50—58	16	10	45—180	6.0	4.3	
< 58—65	18	11	50—200	7.0	4.4	
< 65—75	20	12	56—220	7.5	4.9	
< 75—85	22	14	63—250	9.0	5.4	0.6
< 85—95	25	14	70—280	9.0	5.4	

4　滚动轴承

4.1　深沟球轴承

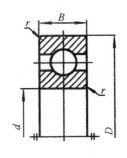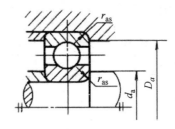

6000 型

标准外形　　　　　　安装尺寸

标记示例：滚动轴承　6210　GB/T 276—1994

附表 4-1　深沟球轴承外形尺寸（摘自 GB/T 276—1994）

轴承代号	尺寸/mm				安装尺寸/mm		
	d	D	B	$r_{s\,min}$	D_a	d_a	$r_{as\,max}$
02 系列							
6200	10	30	9	0.6	15	25	0.6
6201	12	32	10	0.6	17	27	0.6
6202	15	35	11	0.6	20	30	0.6
6203	17	40	12	0.6	22	35	0.6
6204	20	47	14	1	26	41	1
6205	25	52	15	1	31	46	1
6206	30	62	16	1	36	56	1
6207	35	72	17	1.1	42	65	1
6208	40	80	18	1.1	47	73	1
6209	45	85	19	1.1	52	78	1
6210	50	90	20	1.1	57	83	1
6211	55	100	21	1.5	64	91	1.5
6212	60	110	22	1.5	69	101	1.5
6213	65	120	23	1.5	74	111	1.5
6214	70	125	24	1.5	79	116	1.5
6215	75	130	25	1.5	84	121	1.5
6216	80	140	26	2	90	130	2
6217	85	150	28	2	95	140	2
6218	90	160	30	2	100	150	2
6219	95	170	32	2.1	107	158	2.1

轴承代号	尺寸/mm				安装尺寸/mm		
	d	D	B	$r_{s\,min}$	D_a	d_a	$r_{as\,max}$
6220	100	180	34	2.1	112	168	2.1
03 系列							
66301	12	37	12	1	18	31	1
6302	15	42	13	1	21	36	1
6303	17	47	14	1	23	41	1
6304	20	52	15	1.1	27	45	1
6305	25	62	17	1.1	32	55	1
6306	30	72	19	1.1	37	65	1
6307	35	80	21	1.5	44	71	1.5
6308	40	90	23	1.5	49	81	1.5
6309	45	100	25	1.5	54	91	1.5
6310	50	110	27	2	60	100	2
6311	55	120	29	2	65	110	2
6312	60	130	31	2.1	72	118	2
6313	65	140	33	2.1	77	128	2.1
6314	70	150	35	2.1	82	138	2.1
6315	75	160	37	2.1	87	148	2.1
6316	80	170	39	2.1	92	158	2.1
6317	85	180	41	3	99	166	2.5
6318	90	190	43	3	104	176	2.5
6319	95	200	45	3	109	186	2.5
6320	100	215	47	3	114	201	2.5
04 系列							
66403	17	62	17	1.1	24	55	1
6404	20	72	19	1.1	27	65	1
6405	25	80	21	1.5	34	71	1.5
6406	30	90	23	1.5	39	81	1.5
6407	35	100	25	1.5	44	91	1.5
6408	40	110	27	2	50	100	2
6409	45	120	29	2	55	110	2
6410	50	130	31	2.1	62	118	2.1
6411	55	140	33	2.1	67	128	2.1
6412	60	150	35	2.1	72	138	2.1
6413	65	160	37	2.1	77	148	2.1
6414	70	180	42	3	84	166	2.5
6415	75	190	45	3	89	176	2.5
6416	80	200	48	3	94	186	2.5
6417	85	210	52	4	103	192	3
6418	90	225	54	4	108	207	3
6420	100	250	58	4	118	232	3

4.2　圆锥滚子轴承

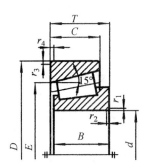

标记示例：
滚动轴承 30312 GB/T 297-1994

附表 4-2　圆锥滚子轴承外形尺寸（摘自 GB/T 297—1994）

轴承代号	尺寸/mm							
	d	D	B	C	T	$r_{1\,min}$ $r_{2\,min}$	$r_{3\,min}$ $r_{4\,min}$	α
02 系列								
30203	17	40	12	11	13.25	1	1	12°57′10″
30204	20	47	14	12	15.25	1	1	12°57′10″
30205	25	52	15	13	16.25	1	1	14°02′10″
30206	30	62	16	14	17.25	1	1	14°02′10″
30207	35	72	17	15	18.25	1.5	1.5	14°02′10″
30208	40	80	18	16	19.75	1.5	1.5	14°02′10″
30209	45	85	19	16	20.75	1.5	1.5	15°06′34″
30210	50	90	20	17	21.75	1.5	1.5	15°38′32″
30211	55	100	21	18	22.75	2	1.5	15°06′94″
30212	60	110	22	19	23.75	2	1.5	15°06′34″
30213	65	120	23	20	24.75	2	1.5	15°06′34″
30214	70	125	24	21	26.25	2	1.5	15°38′32″
30215	75	130	25	22	27.25	2	1.5	16°10′20″
30216	80	140	26	22	28.25	2.5	2	15°38′32″
30217	85	150	28	24	30.5	2.5	2	15°38′32″
30218	90	160	30	26	32.5	2.5	2	15°38′32″
30219	95	170	32	27	34.5	3	2.5	15°38′32″
30220	100	180	34	29	37	3	2.5	15°38′32″
03 系列								
30302	15	42	13	11	14.25	1	1	10°45′29″
30303	17	47	14	12	15.25	1	1	10°45′29″
30304	20	52	15	13	16.25	1.5	1.5	11°18′36″

（续表）

轴承代号	尺寸/mm							
	d	D	B	C	T	$r_{1\,smin}$ $r_{2\,smin}$	$r_{3\,smin}$ $r_{4\,smin}$	α
03 系列								
30305	25	62	17	15	18.25	1.5	1.5	11°18′36″
30306	30	72	19	16	20.75	1.5	1.5	11°51′35″
30307	35	80	21	18	22.75	2	1.5	11°51′35″
30308	40	90	23	20	25.25	2	1.5	12°57′10″
30309	45	100	25	22	27.25	2	1.5	12°57′10″
30310	50	110	27	23	29.25	2.5	2	12°57′10″
30311	55	120	29	25	31.5	2.5	2	12°57′10″
30312	60	130	31	26	33.5	3	2.5	12°57′10″
30313	65	140	33	28	36	3	2.5	12°57′10″
30314	70	150	35	30	38	3	2.5	12°57′10″
30315	75	160	37	31	40	3	2.5	12°57′10″
30316	80	170	39	33	42.5	3	2.5	12°57′10″
30317	85	180	41	34	44.5	4	3	12°57′10″
30318	90	190	43	36	46.5	4	3	12°57′10″
30319	95	200	45	38	49.5	4	3	12°57′10″
30320	100	215	47	39	51.5	4	3	12°57′10″

4.3　推力球轴承

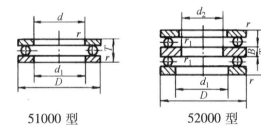

51000 型　　　　　　52000 型

标记示例：滚动轴承　51214　GB/T 301—1995

附表 4-3　推力球轴承外形尺寸（摘自 GB/T 301—1995）

轴承代号		尺寸/mm								
51000 型	52000 型	d	d_1	d_2	D	T	T_1	B	r_s min	r_{1s} min
12、22 系列										
51200	—	10	12	—	26	11	—	—	0.6	—
51201	—	12	14	—	28	11	—	—	0.6	—
51202	52202	15	17	10	32	12	22	5	0.6	0.3

（续表）

轴承代号		尺寸/mm								
51000 型	52000 型	d	d_1	d_2	D	T	T_1	B	r_s min	r_{1s} min
51203	—	17	19	—	35	12	—	—	0.6	—
51204	52204	20	22	15	40	14	26	6	0.6	0.3
51205	52205	25	27	20	47	15	28	7	0.6	0.3
51206	52206	30	32	25	52	16	29	7	0.6	0.3
51207	52207	35	37	30	62	18	34	8	1	0.3
51208	52208	40	42	30	68	19	36	9	1	0.6
51209	52209	45	47	35	73	20	37	9	1	0.6
51210	52210	50	52	40	78	22	39	9	1	0.6
51211	52211	55	57	45	90	25	45	10	1	0.6
51212	52212	60	62	50	95	26	46	10	1	0.6
51213	52213	65	67	55	100	27	47	10	1	0.6
51214	52214	70	72	55	105	27	47	10	1	1
51215	52215	75	77	60	110	27	47	10	1	1
51216	52216	80	82	65	115	28	48	10	1	1
51217	52217	85	88	70	125	31	55	12	1	1
51218	52218	90	93	75	135	35	62	14	1.1	1
51220	52210	100	103	85	150	38	67	15	1.1	1
13、23 系列										
51304	—	20	22	—	47	18	—	—	1	—
51305	52305	25	27	20	52	18	34	8	1	0.3
51306	52306	30	32	25	60	21	38	9	1	0.3
51307	52307	35	37	30	68	24	44	10	1	0.3
51308	52308	40	42	30	78	26	49	12	1	0.6
51309	52309	45	47	35	85	28	52	12	1	0.6
51310	52310	50	52	40	95	31	58	14	1.1	0.6
51311	52311	55	57	45	105	35	64	15	1.1	0.6
51312	52312	60	62	50	110	35	64	15	1.1	0.6
51313	52313	65	67	55	115	36	65	15	1.1	0.6
51314	52314	70	72	55	125	40	72	16	1.1	1
51315	52315	75	77	60	135	44	79	18	1.5	1
51316	52316	80	82	65	140	44	79	18	1.5	1
51317	52317	85	88	70	150	49	87	19	1.5	1
51318	52318	90	93	75	155	52	88	19	1.5	1
51320	52320	100	103	85	170	55	97	21	1.5	1

5　公差与配合

附表 5-1　标准公差数值（摘自 GB/T 1800.3—1998）

基本尺寸/mm		标准公差等级											
大于	至	IT4	IT5	IT6	IT7	IT8	IT9	IT10	IT11	IT12	IT13	IT14	IT15
		μm								mm			
—	3	3	4	6	10	14	25	40	60	0.1	0.14	0.25	0.4
3	6	4	5	8	12	18	30	48	75	0.12	0.18	0.3	0.48
6	10	4	6	9	15	22	36	58	90	0.15	0.22	0.36	0.58
10	18	5	8	11	18	27	43	70	110	0.18	0.27	0.43	0.7
18	30	6	9	13	21	33	52	84	130	0.21	0.33	0.52	0.84
30	50	7	11	16	25	39	62	100	160	0.25	0.39	0.62	1
50	80	8	13	19	30	46	74	120	190	0.3	0.46	0.74	1.2
80	120	10	15	22	35	54	87	140	220	0.35	0.54	0.87	1.4
120	180	12	18	25	40	63	100	160	250	0.4	0.63	1	1.6
180	250	14	20	29	46	72	115	185	290	0.46	0.72	1.15	1.85
250	315	16	23	32	52	81	130	210	320	0.52	0.81	1.3	2.1
315	400	18	25	36	57	89	140	230	360	0.57	0.89	1.4	2.3
400	500	20	27	40	63	97	155	250	400	0.63	0.97	1.55	2.5

注：1. IT00、IT01、IT1、IT2、IT3、IT16、IT17、IT18 未列入。

　　2. 基本尺寸大于 500 mm 未列入。

附表 5-2　优先配合中轴的极限偏差

基本尺寸/mm		公差带											
大于	至	c	d	f	g	h				k	n	p	s	u
大于	至	11	9	7	6	6	7	9	11	6	6	6	6	6
—	3	−60 −120	−20 −45	−6 −16	−2 −8	0 −6	0 −10	0 −25	0 −60	+6 0	+10 +4	+12 +6	+20 +14	+24 +18
3	6	−70 −145	−30 −60	−10 −22	−4 −12	0 −8	0 −12	0 −30	0 −75	+9 +1	+16 +8	+20 +12	+27 +19	+31 +23
6	10	−80 −170	−40 −76	−13 −28	−5 −14	0 −9	0 −15	0 −36	0 −90	+10 +1	+19 +10	+24 +15	+32 +23	+37 +28
10	14	−95 −205	−50 −93	−16 −34	−6 −17	0 −11	0 −18	0 −43	0 −110	+12 +1	+23 +12	+29 +18	+39 +28	+44 +33
14	18													
18	24	−110 −240	−65 −117	−20 −41	−7 −20	0 −13	0 −21	0 −52	0 −130	+15 +2	+28 +15	+35 +22	+48 +35	+54 +41
24	30													+61 +48

（续表）

基本尺寸 mm		公差带												
		c	d	f	g	h	h	h	h	k	n	p	s	u
30	40	-120/-280	-80/-142	-25/-50	-9/-25	0/-16	0/-25	0/-62	0/-160	+18/+2	+33/+17	+42/+26	+59/+43	+76/+60
40	50	-130/-290												+86/+70
50	65	-140/-330	-100/-174	-30/-60	-10/-29	0/-19	0/-30	0/-74	0/-190	+21/+2	+39/+20	+51/+32	+72/+53	+106/+87
65	80	-150/-340											+78/+59	+121/+102
80	100	-170/-390	-120/-207	-36/-71	-12/-34	0/-22	0/-35	0/-87	0/-220	+25/+3	+45/+23	+59/+37	+93/+71	+146/+124
100	120	-180/-400											+101/+79	+166/+144
120	140	-200/-450	-145/-245	-43/-83	-14/-39	0/-25	0/-40	0/-100	0/-250	+28/+3	+52/+27	+68/+43	+117/+92	+195/+170
140	160	-210/-460											+125/+100	+215/+190
160	180	-230/-480											+133/+108	+235/+210
180	200	-240/-530	170/-285	-50/-96	-15/-44	0/-29	0/-46	0/-115	0/-290	+33/+4	+60/+31	+ +79/+50	+151/+122	+265/+236
200	225	-260/-550											+159/+130	+287/+258
225	250	-280/-570											+169/+140	+313/+284
250	280	-300/-620	-190/-320	-56/-108	-17/-49	0/-32	0/-52	0/-130	0/-320	+36/+4	+66/+34	+88/+56	+190/+158	+347/+315
280	315	-330/-650											+202/+170	+382/+350
315	355	-360/-720	-210/-350	-62/-119	-18/-54	0/-36	0/-57	0/-140	0/-360	+40/+4	+73/+37	+98/+62	+226/+190	+426/+390
355	400	-400/-760											+244/+208	+471/+435
400	450	-440/-840	-230/-385	-68/-131	-20/-60	0/-40	0/-63	0/-155	0/-400	+45/+5	+80/+40	+108/+68	+272/+232	+530/+490
450	500	-480/-880											+292/+252	+580/+540

附表 5-3　优先配合中孔的极限偏差

基本尺寸/mm		公差带												
		C	D	F	G	H				K	N	P	S	U
大于	至	11	9	8	7	7	8	9	11	7	7	7	7	7
—	3	+120 / +60	+45 / +20	+20 / +6	+12 / +2	+10 / 0	+14 / 0	+25 / 0	+60 / 0	0 / -10	-4 / -14	-6 / -16	-14 / -24	-18 / -28
3	6	+145 / +70	+60 / +30	+28 / +10	+16 / +4	+12 / 0	+18 / 0	+30 / 0	+75 / 0	+3 / -9	-4 / -16	-8 / +20	-15 / -27	-19 / -31
6	10	+170 / +80	+76 / +40	+35 / +13	+20 / +5	+15 / 0	+22 / 0	+36 / 0	+90 / 0	+5 / -10	-4 / -19	-9 / -24	-17 / -32	-22 / -37
10	14	+205 / +95	+93 / +50	+43 / +16	+24 / +6	+18 / 0	+27 / 0	+43 / 0	+110 / 0	+6 / -12	-5 / -23	-11 / -29	-21 / -39	-26 / -44
14	18	+205 / +95	+93 / +50	+43 / +16	+24 / +6	+18 / 0	+27 / 0	+43 / 0	+110 / 0	+6 / -12	-5 / -23	-11 / -29	-21 / -39	-26 / -44
18	24	+240 / +110	+117 / +65	+53 / +20	+28 / +7	+21 / 0	+33 / 0	+52 / 0	+130 / 0	+6 / -15	-7 / -28	-14 / -35	-27 / -48	-33 / -54
24	30	+240 / +110	+117 / +65	+53 / +20	+28 / +7	+21 / 0	+33 / 0	+52 / 0	+130 / 0	+6 / -15	-7 / -28	-14 / -35	-27 / -48	-40 / -61
30	40	+280 / +120	+142 / +80	+64 / +25	+34 / +9	+25 / 0	+39 / 0	+62 / 0	+160 / 0	+7 / -18	-8 / -33	-17 / -42	-34 / -59	-51 / -76
40	50	+290 / +130	+142 / +80	+64 / +25	+34 / +9	+25 / 0	+39 / 0	+62 / 0	+160 / 0	+7 / -18	-8 / -33	-17 / -42	-34 / -59	-61 / -86
50	65	+330 / +140	+174 / +100	+76 / +30	+40 / +10	+30 / 0	+46 / 0	+74 / 0	+190 / 0	+9 / -21	-9 / -39	-21 / -51	-42 / -72	-76 / -106
65	80	+340 / +150	+174 / +100	+76 / +30	+40 / +10	+30 / 0	+46 / 0	+74 / 0	+190 / 0	+9 / -21	-9 / -39	-21 / -51	-48 / -78	-91 / -121
80	100	+390 / +170	+207 / +120	+90 / +36	+47 / +12	+35 / 0	+54 / 0	+87 / 0	+220 / 0	+10 / -25	-10 / -45	-24 / -59	-58 / -93	-111 / -146
100	120	+400 / +180	+207 / +120	+90 / +36	+47 / +12	+35 / 0	+54 / 0	+87 / 0	+220 / 0	+10 / -25	-10 / -45	-24 / -59	-66 / -101	-131 / -166
120	140	+450 / +200	+245 / +145	+106 / +43	+54 / +14	+40 / 0	+63 / 0	+100 / 0	+250 / 0	+12 / -28	-12 / -52	-28 / -68	-77 / -117	-155 / -195
140	160	+460 / +210	+245 / +145	+106 / +43	+54 / +14	+40 / 0	+63 / 0	+100 / 0	+250 / 0	+12 / -28	-12 / -52	-28 / -68	-85 / -125	-175 / -215
160	180	+480 / +230	+245 / +145	+106 / +43	+54 / +14	+40 / 0	+63 / 0	+100 / 0	+250 / 0	+12 / -28	-12 / -52	-28 / -68	-93 / -133	-195 / -235
180	200	+530 / +240	+285 / +170	+122 / +50	+61 / +15	+46 / 0	+72 / 0	+115 / 0	+290 / 0	+13 / -33	-14 / -60	-33 / -79	-105 / -151	-219 / -265
200	225	+550 / +260	+285 / +170	+122 / +50	+61 / +15	+46 / 0	+72 / 0	+115 / 0	+290 / 0	+13 / -33	-14 / -60	-33 / -79	-113 / -159	-241 / -287
225	250	+570 / +280	+285 / +170	+122 / +50	+61 / +15	+46 / 0	+72 / 0	+115 / 0	+290 / 0	+13 / -33	-14 / -60	-33 / -79	-123 / -169	-267 / -313
250	280	+620 / +300	+320 / +190	+137 / +56	+69 / +17	+52 / 0	+81 / 0	+130 / 0	+320 / 0	+16 / -36	-14 / -66	-36 / -88	-138 / -190	-295 / -347
280	315	+650 / +330	+320 / +190	+137 / +56	+69 / +17	+52 / 0	+81 / 0	+130 / 0	+320 / 0	+16 / -36	-14 / -66	-36 / -88	-150 / -202	-330 / -382

（续表）

基本尺寸/mm		公差带												
		C	D	F	G	H				K	N	P	S	U
315	355	+720 +360	+350 +210	+151 +62	+75 +18	+57 0	+89 0	+140 0	+360 0	+17 -40	-16 -73	-41 -98	-169 -226	-369 -426
355	400	+760 +400											-187 -244	-414 -471
400	450	+840 +440	+385 +230	+165 +68	+83 +20	+63 0	+97 0	+155 0	+400 0	+18 -45	-17 -80	-45 -108	-209 -272	-467 -530
450	500	+880 +480											-229 -292	-517 -580

参 考 文 献

［1］《机械工程标准手册》编委会. 机械工程标准手册·技术制图卷 ［M］. 北京：中国标准出版社，2003.

［2］ 中华人民共和国国家质量监督检验检疫总局. 中华人民共和国国家标准·机械制图 ［M］. 北京：中国标准出版社，2004.

［3］ 邢邦圣. 机械制图与计算机绘图 ［M］. 北京：化学工业出版社，2002.

［4］ 何铭新，钱可强. 机械制图 ［M］. 第四版. 北京：高等教育出版社，1998.

第二部分

习 题 集

习题 1　制图的基本知识和基本技能

1.1　字体练习

1. 汉字练习。

机械制图比例描审核日期序号名称件数重量材料备注技术共第张要求

尾磨厚装配位封单向板挡滚动泵旋钢簧万能展拆卸深斜热处理光洁

2. 数字与字母练习。

0123456789

ABCDEFGHIJKLMN

OPQRSTUVWXYZ

abcdefghijklmn

opqrstuvwxyz

1.2 图线

1. 过指定位置抄画图线。

2. 以 O 为圆心，在指定半径处由小到大画出粗实线圆、细实线圆、细虚线圆、细点画线圆。

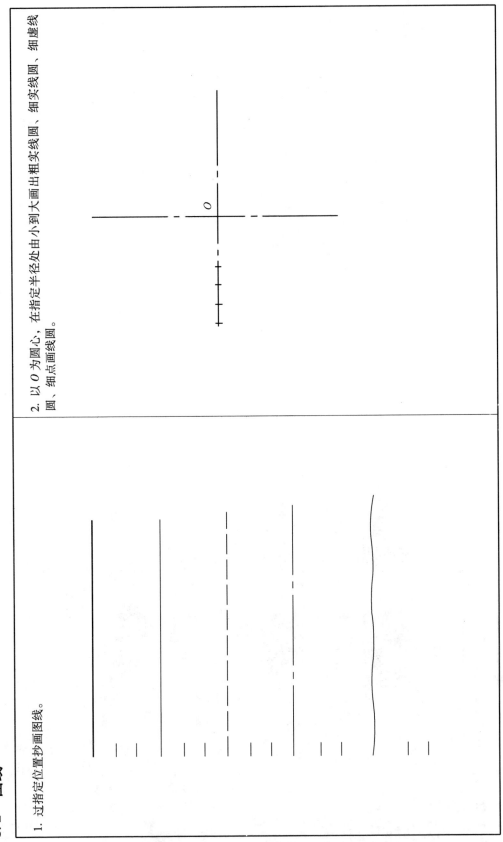

1.3 尺寸标注

1. 比较（a）图与（b）图，说明（a）图中的错误。

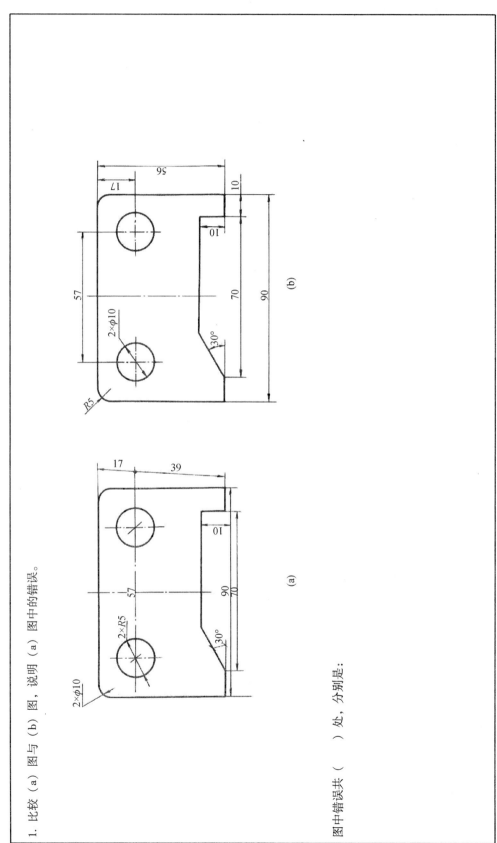

图中错误共（　　）处，分别是：

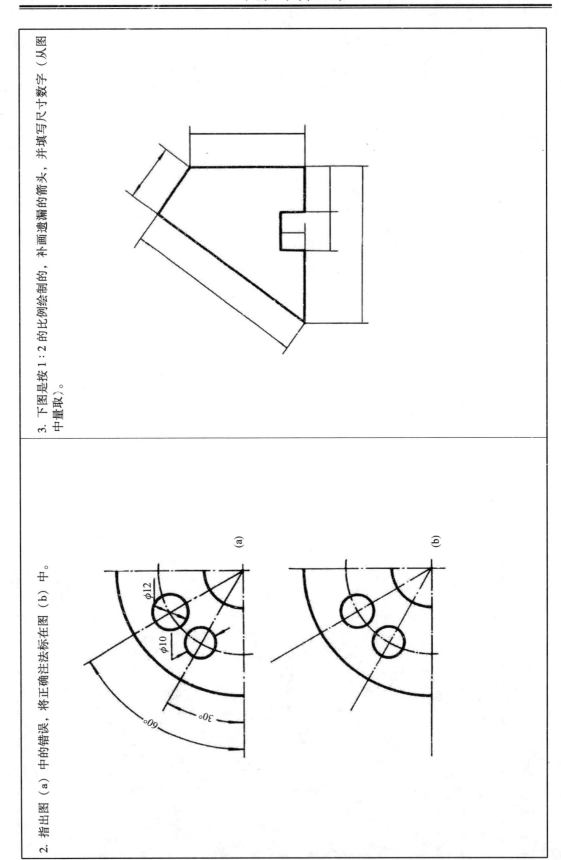

3. 下图是按 1：2 的比例绘制的，补画画遗漏的箭头，并填写尺寸数字（从图中量取）。

2. 指出图（a）中的错误，将正确注法注标在图（b）中。

$\phi12$

$\phi10$

60°

30°

(a)

(b)

1.4 几何作图

1. 在 (a) 图中作圆的内接正五边形 (角顶在垂直中心线上), 在 (b) 图中作圆的内接正六边形 (角顶在水平中心线上)。

2. 已知椭圆的长轴为 80 mm, 短轴为 50 mm, 用四心法画出椭圆。

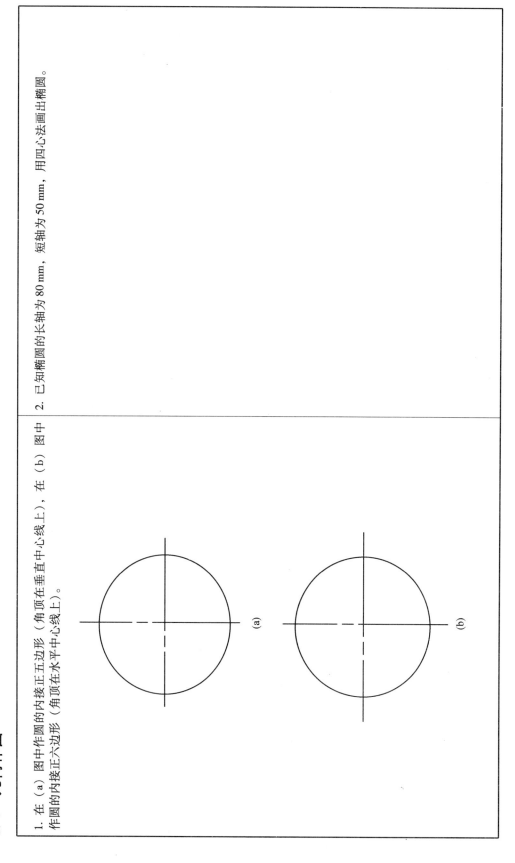

(a)

(b)

3. 参照所示图形，用 1∶1 的比例在空白处画出图形，并标注尺寸。

(1)

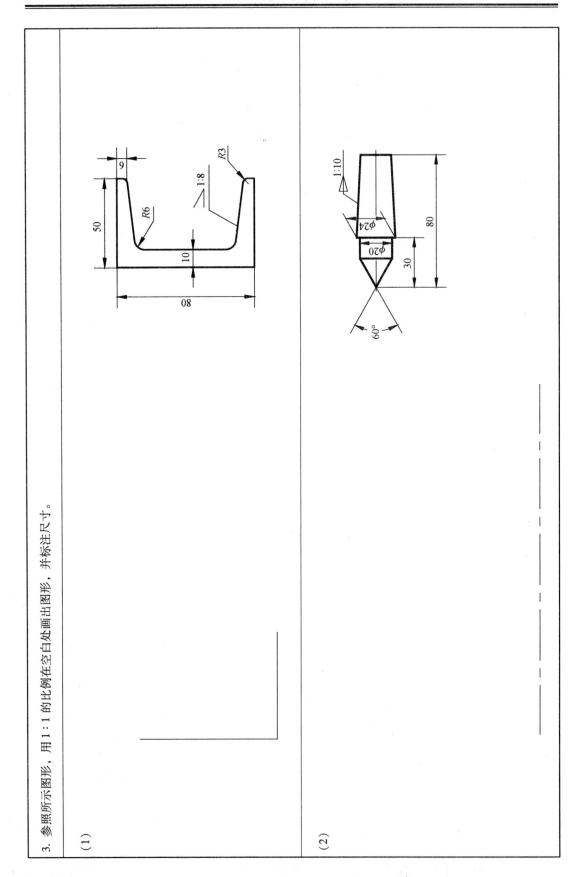

(2)

4. 参照图例尺寸，完成各图的线段连接。

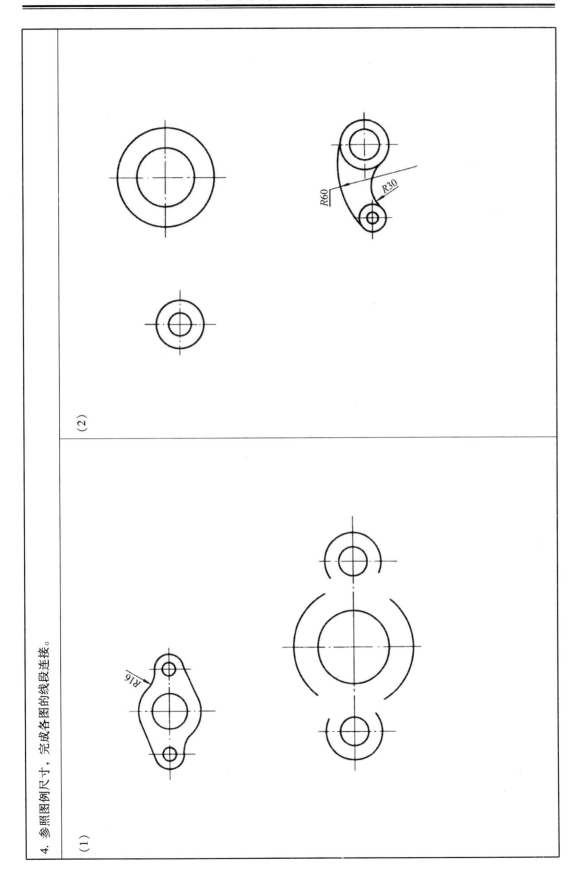

（1）

（2）

1.5　平面图形的画法

（1）参照图例将图形及尺寸按 1∶1 的比例抄画在空白处。

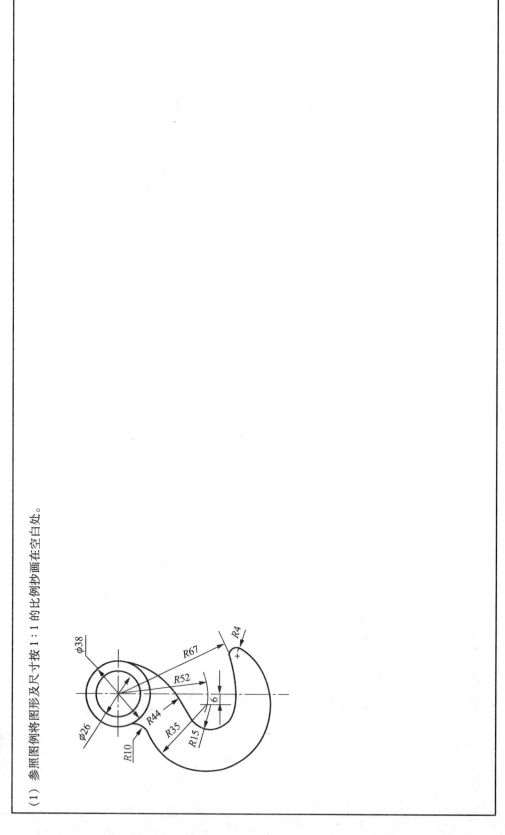

（2）参照图例将图形及尺寸按 1:1 的比例抄画在空白处。

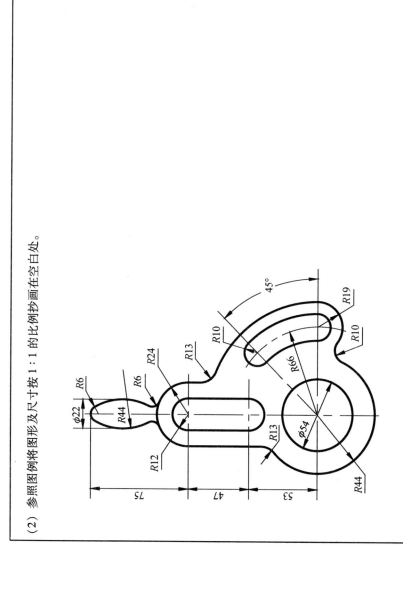

习题 2 正投影的基础知识

2.1 三视图

1. 填空
(1) 机械图样采用的是_____面_____投影法来绘制的。
(2) 正投影法的投影特性是：_____向_____投射所得的视图。
(3) 主视图是由_____向_____投射所得的视图；俯视图是由_____向_____投射所得的视图；左视图是由_____向_____投射所得的视图。
(4) 三视图之间的位置关系是：_____不动，_____在_____的正下方，_____在_____的正右方。
(5) 三视图之间的三等关系是：_____和_____物体的_____；_____和_____物体的_____；_____和_____都要符合此关系。
(6) 视图与物体的方位关系是：主视图反映_____和_____方；俯视图反映_____和_____方；左视图反映_____和_____方，靠近主视图的方向都反映物体的_____方，俯视图和左视图远离主视图的方向都反映_____方。

2. 根据立体图辨认相应的三视图，并将三视图的编号填在立体图的括号内。

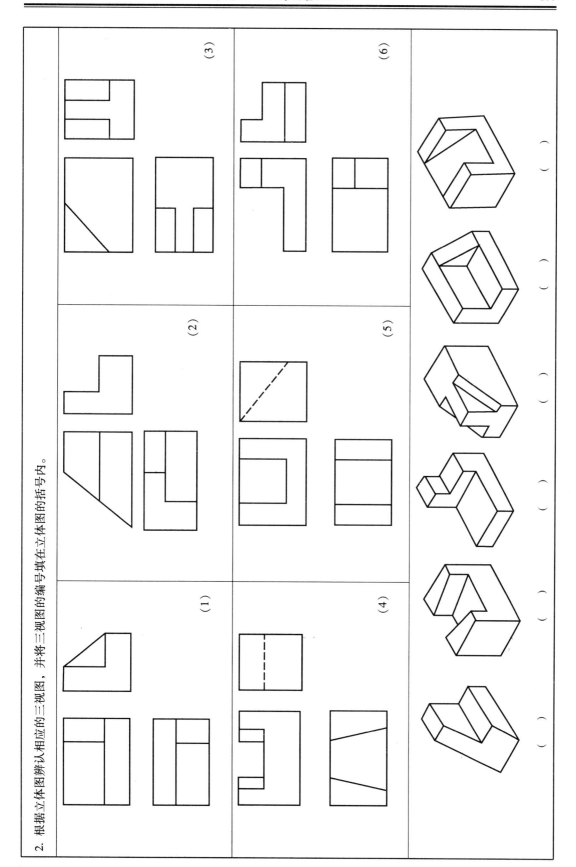

续2　根据立体图辨认相应的三视图，并将三视图的编号填在立体图的括号内。

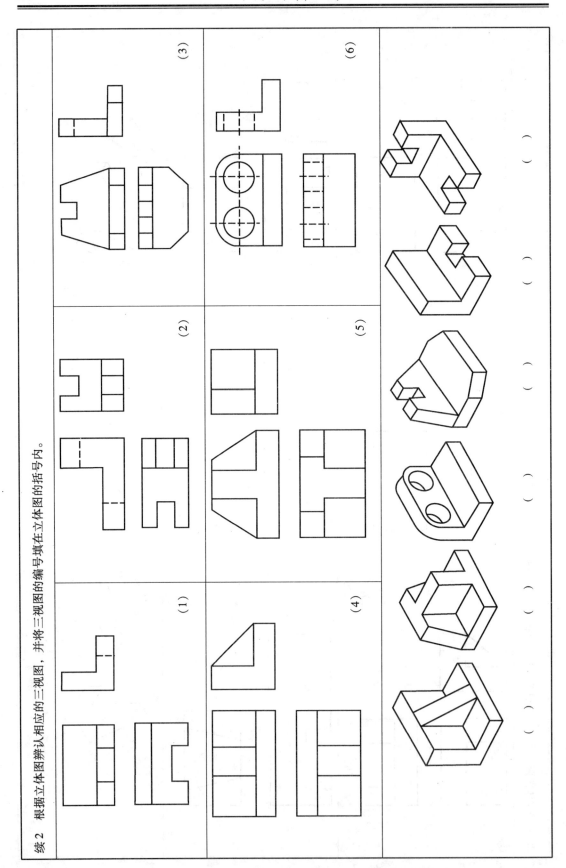

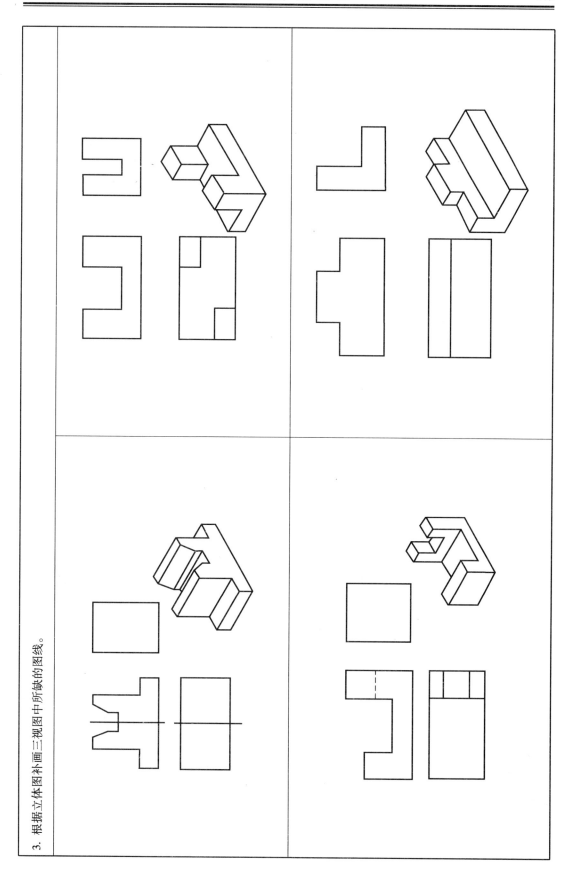

3. 根据立体图补画三视图中所缺的图线。

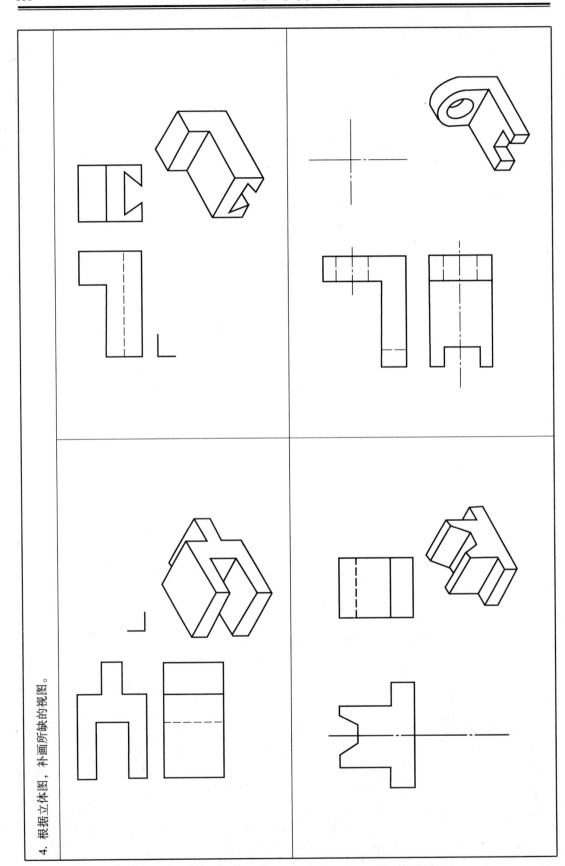

4. 根据立体图，朴画所缺的视图。

5. 根据立体图图画三视图。

（2）

（1）

续5　根据立体图画三视图。

（4）

（3）

续 5　根据立体图画三视图。

（6）

（5）

2.2　点的投影

1. 填空
(1) 点的投影规律是：_____。

(2) 点的空间位置可用直角坐标来表示，其规定的书写形式是_____，其中 X 坐标表示_____，Y 坐标表示_____，Z 坐标表示_____。

(3) 两点在空间的相对位置由_____来确定，若点 A 的 X、Y、Z 坐标均小于点 B 的 X、Y、Z 坐标，则点 B 在点 A 的_____、_____、_____方。

(4) 已知点 A（20，10，15），则点 A 距 V 面为_____，距 W 面为_____，距 H 面为_____。

2. 已知点 A 的正面的投影 a'及点 A 距 V 面距离为 10，点 B 在点 A 的左、前、下方各 5，完成 A、B 两点的三面投影图。

2.3　直线的投影

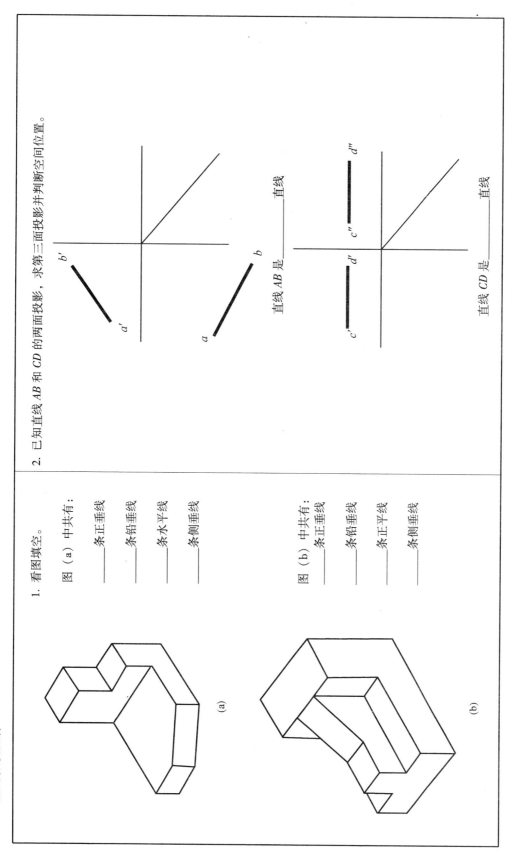

1. 看图填空。

图（a）中共有：

　　　　条正垂线

　　　　条铅垂线

　　　　条水平线

　　　　条侧垂线

图（b）中共有：

　　　　条正垂线

　　　　条铅垂线

　　　　条正平线

　　　　条侧垂线

（a）

（b）

2. 已知直线 AB 和 CD 的两面投影，求第三面投影并判断空间位置。

b'

a'

a

b

直线 AB 是　　　　直线

d'

c'

d''

c''

直线 CD 是　　　　直线

2.4　平面的投影

1. 已知平面的两面投影，求第三面投影并判断空间位置。

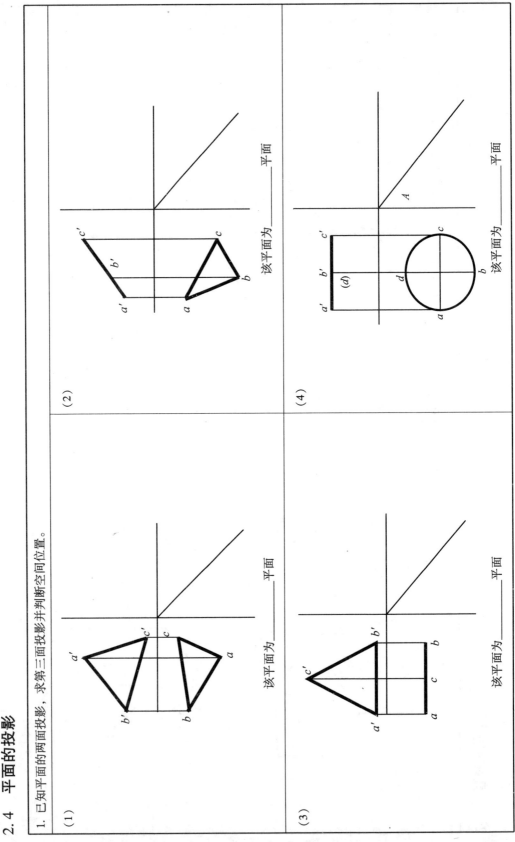

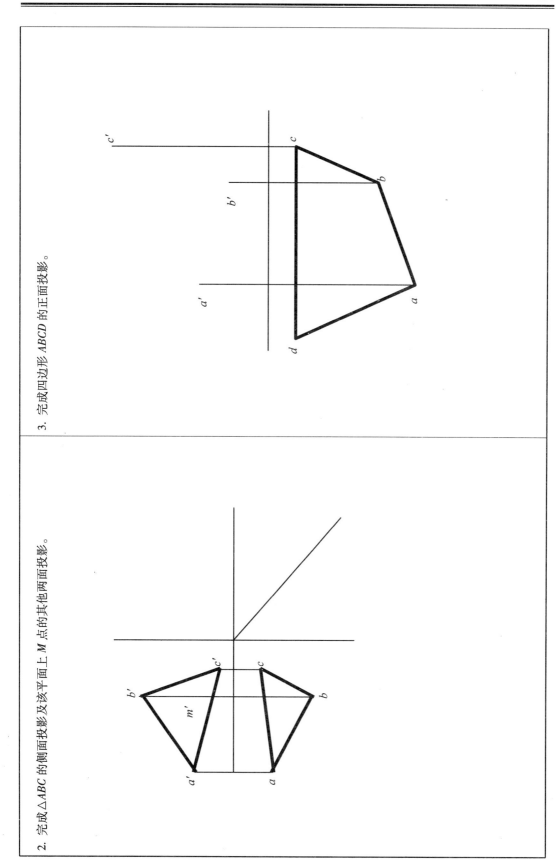

3. 完成四边形 ABCD 的正面投影。

2. 完成 △ABC 的侧面投影及该平面上 M 点的其他两面投影。

2.5　基本体的投影

1. 平面立体的投影。

（1）作出三棱柱的侧面投影并求出体表面上各点的其他两面投影。

（2）作出四棱台的侧面投影并求出体表面上各点的其他两面投影。

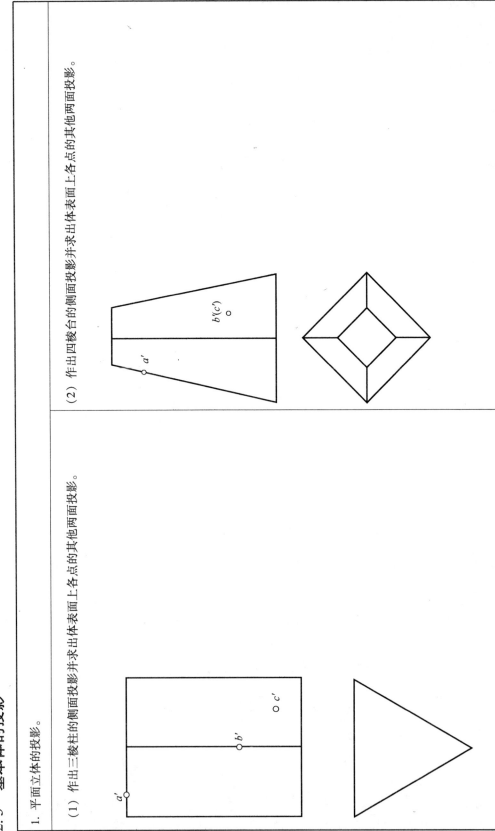

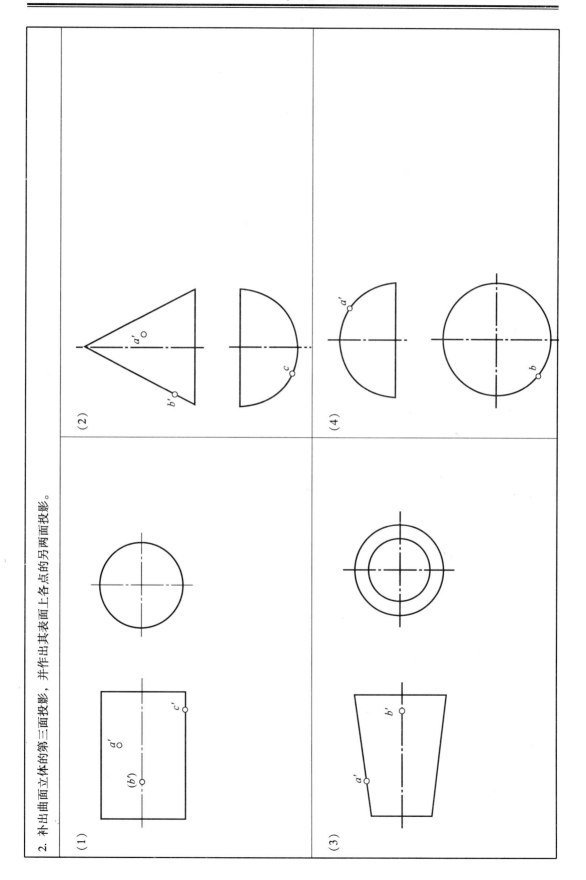

2. 补出曲面立体的第三面投影，并作出其表面上各点的另两面投影。

(1)

(2)

(3)

(4)

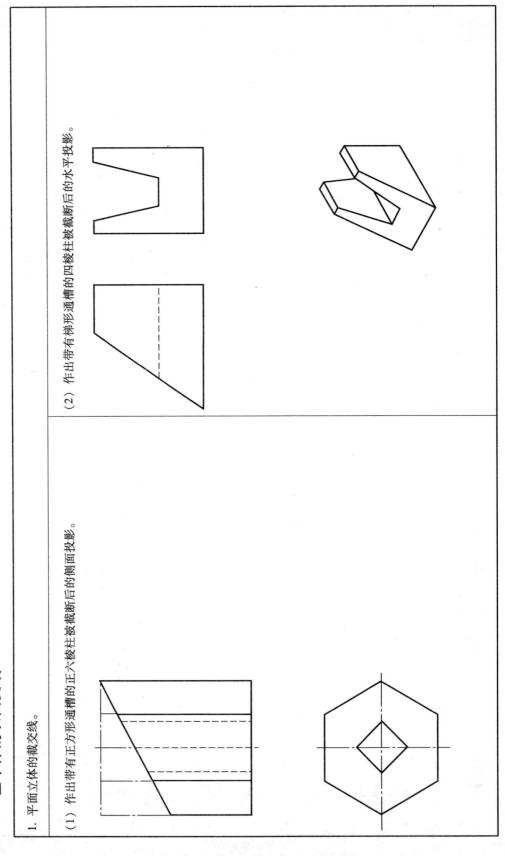

2.6　基本立体的表面交线

1. 平面立体的截交线。

（1）作出带有正方形通槽的正六棱柱被截断后的侧面投影。

（2）作出带有梯形通槽的四棱柱被截断后的水平投影。

2. 分析曲面立体的截交线，补画其第三面投影。

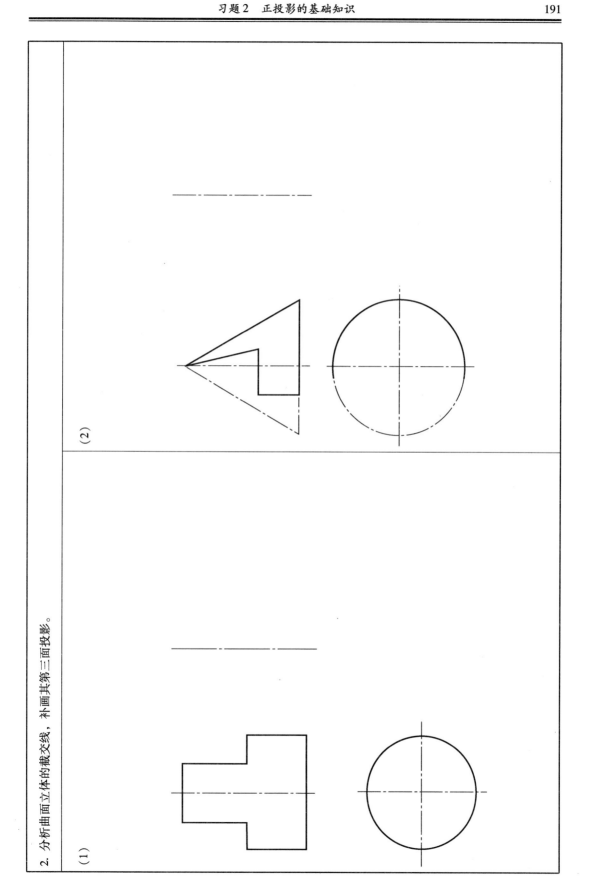

(2)

(1)

3. 分析曲面立体的表面交线，补全相贯线的投影。

(1)

(2)

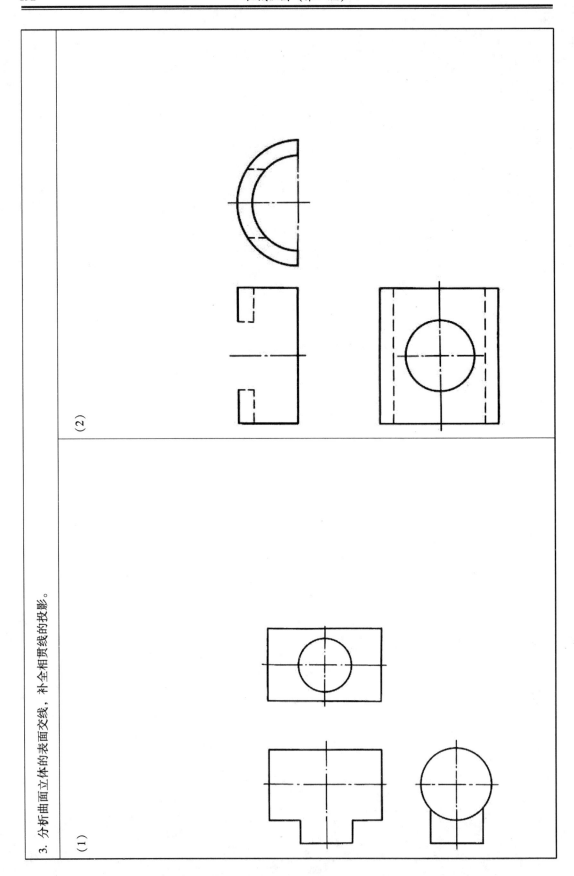

2.7　几何体的尺寸标注

1. 给图示的基本体标注尺寸。

(1)

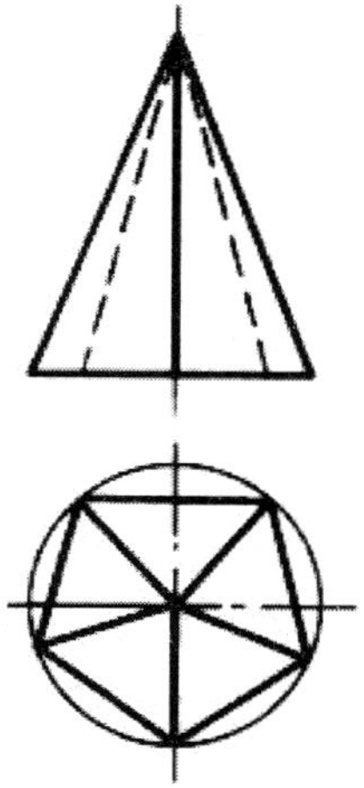

(2)

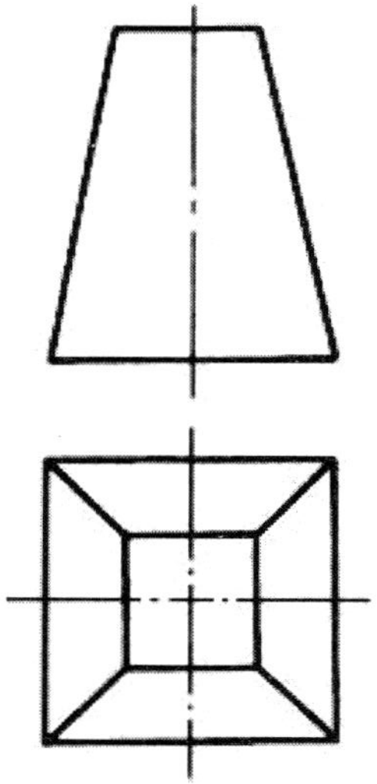

(3)

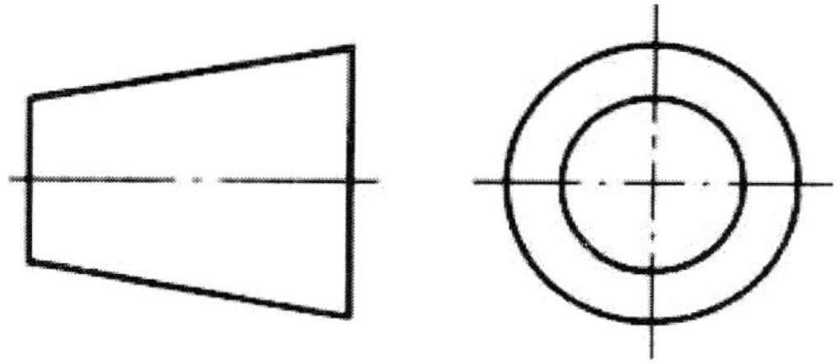

(4)

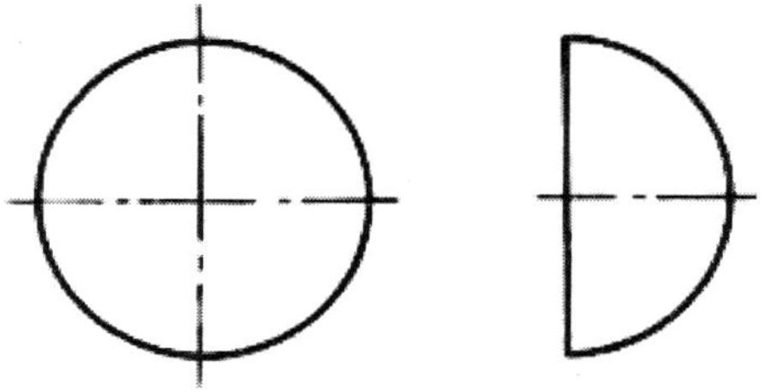

2. 给图示的截断的、开槽的和相贯的立体标注尺寸。

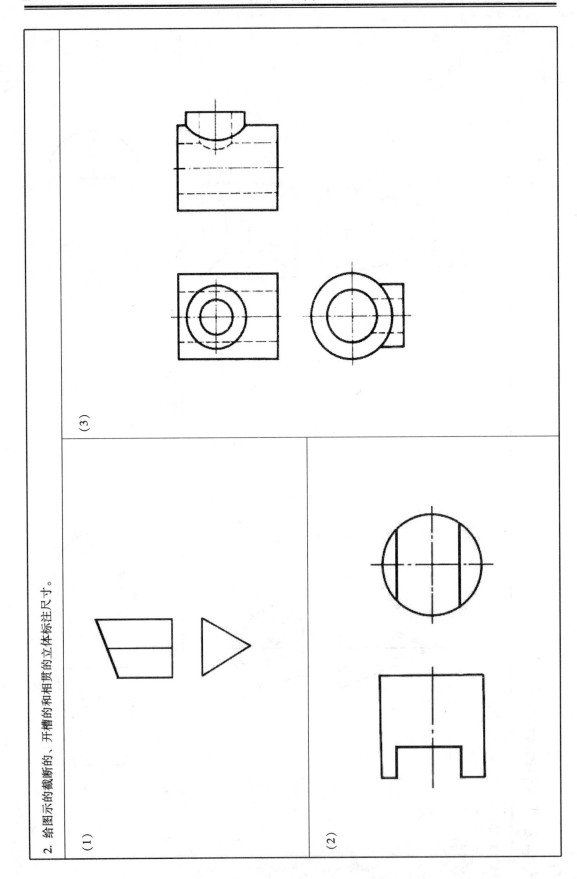

(1)

(2)

(3)

习题3 组合体的三视图

3.1 形体分析练习

1. 结合组合体立体图，运用形体分析法，补画视图中所缺的图线。

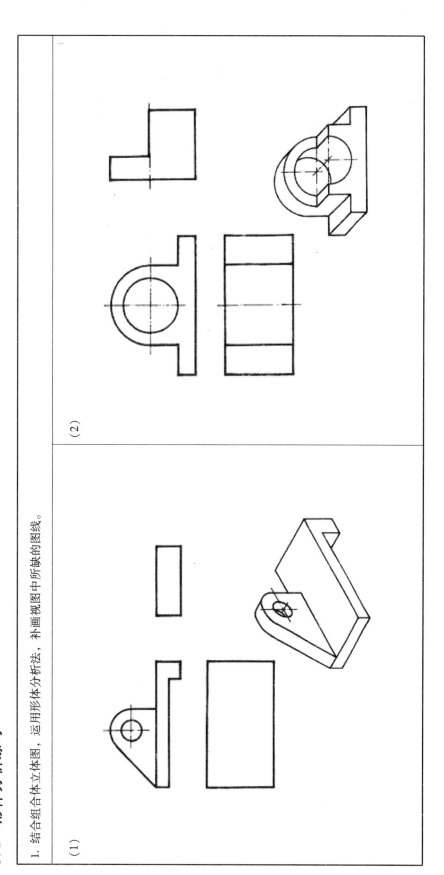

(1)

(2)

续1 结合组合体立体图，运用形体分析法，补画视图中所缺的图线。

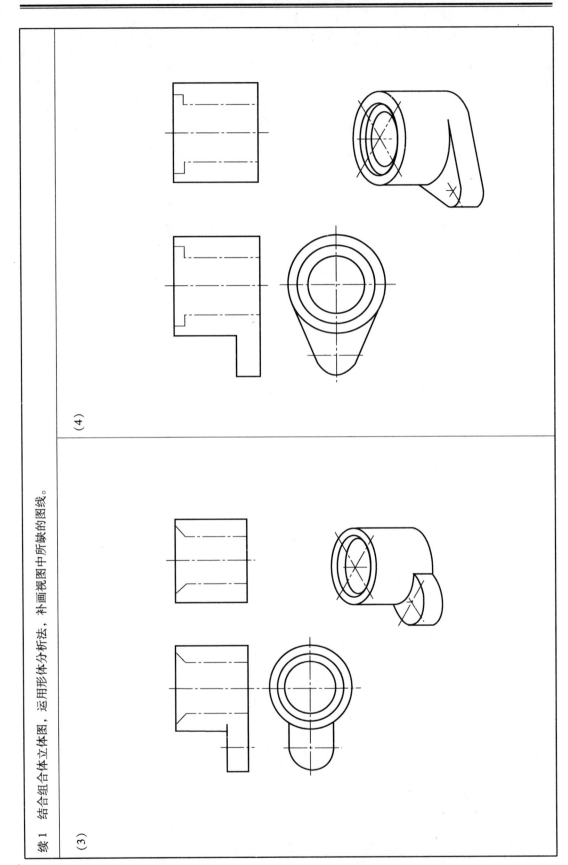

（4）

（3）

2. 分析组合体表面的连接关系，补画视图中所缺的图线。

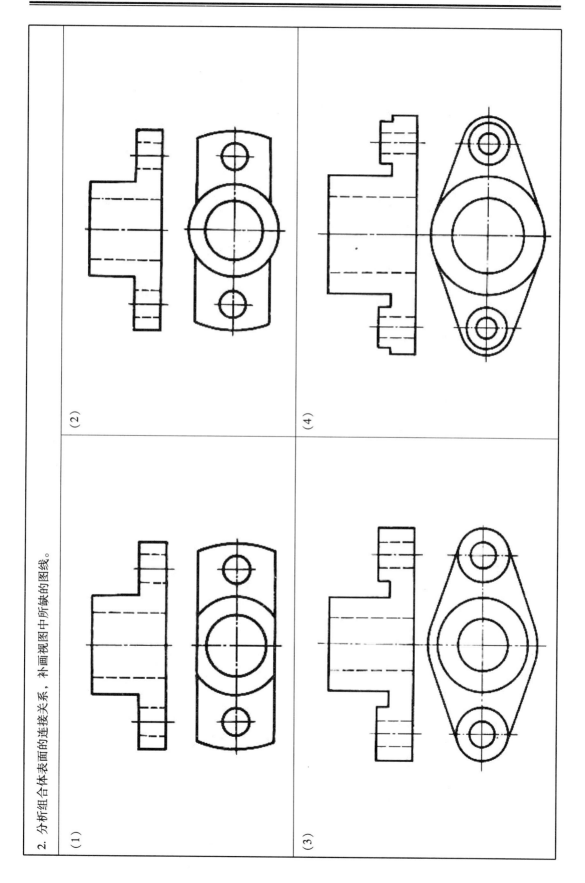

(1)　(2)　(3)　(4)

3.2 组合体三视图的画法

1. 根据立体图及其上尺寸，画出三视图，比例 1：1。

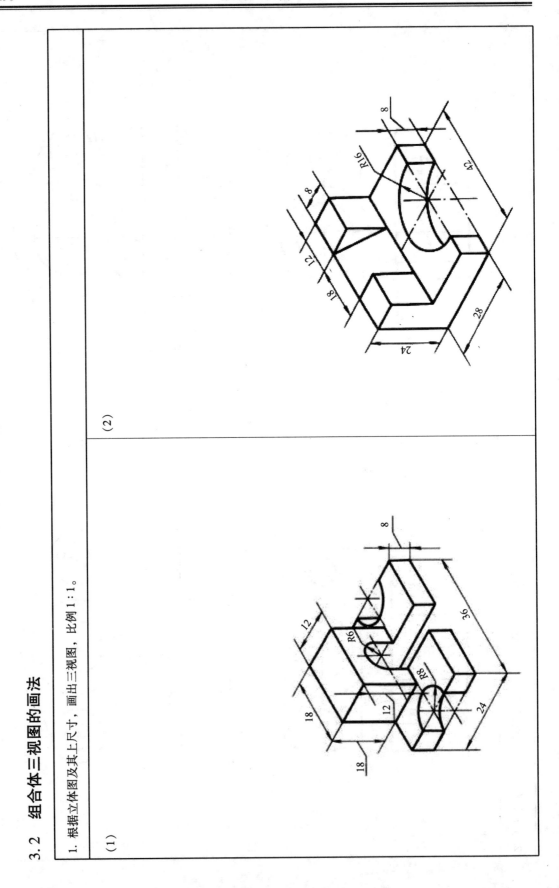

(1)

(2)

续 1　根据立体图及其上尺寸，画出三视图，比例 1：1。

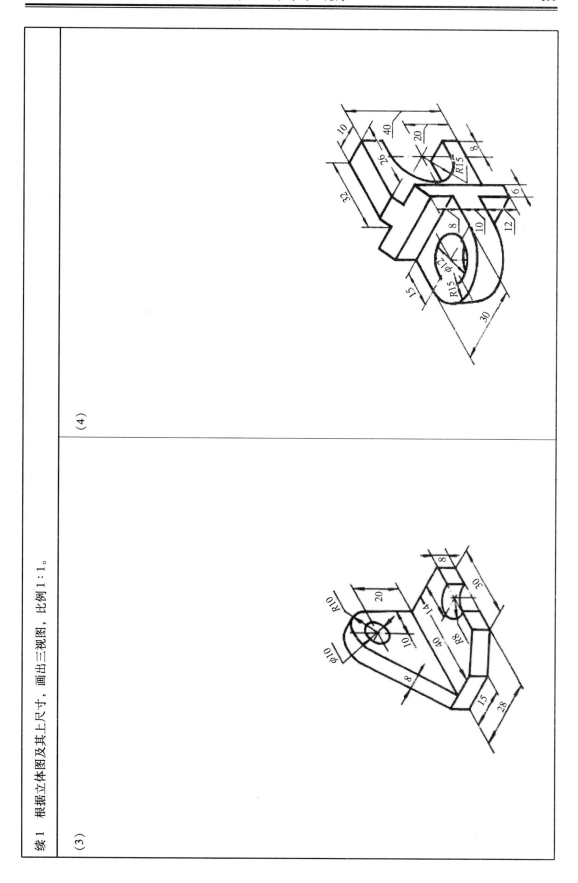

(4)

(3)

2. 用 A4 图纸绘制三视图，比例自定。

(1)

(2)

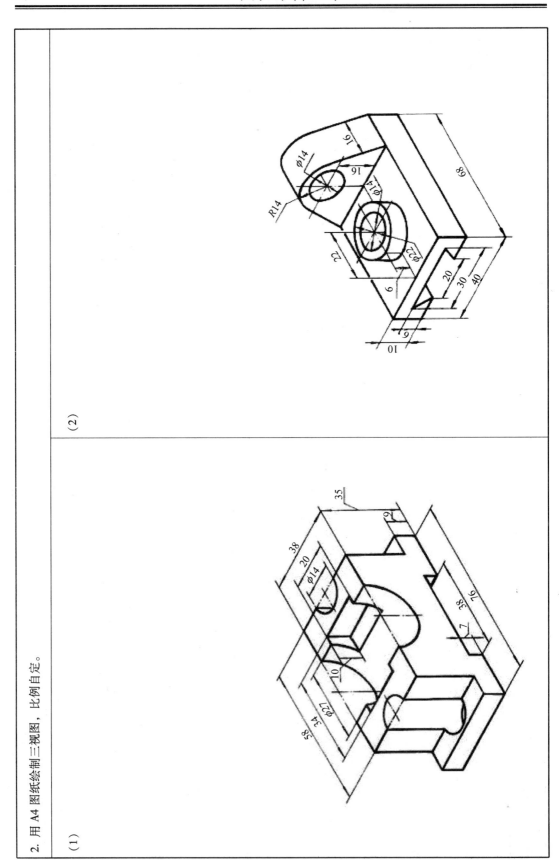

3.3　组合体的尺寸标注

1. 指出视图中重复及错误的尺寸（打 ×），补注遗漏的尺寸（不注尺寸数字）。

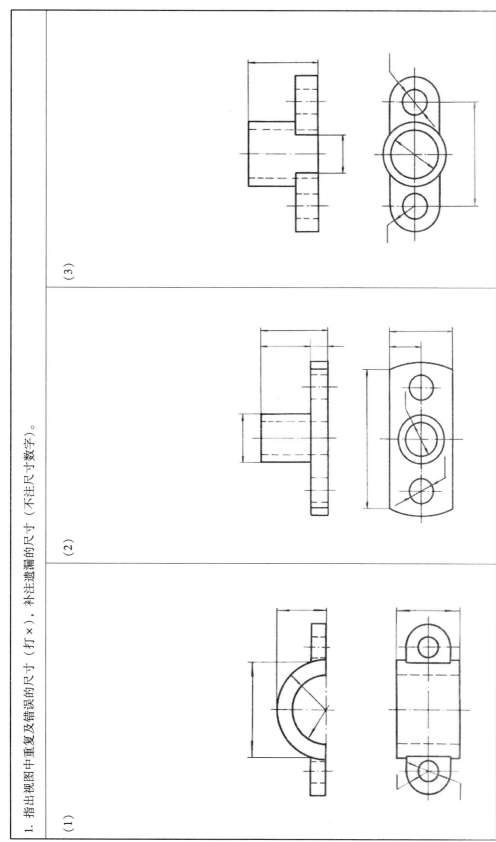

（1）　　　　　　　　（2）　　　　　　　　（3）

2. 看懂视图后标注尺寸，尺寸数字按 1：1 从图中量取。

(1)

(2)

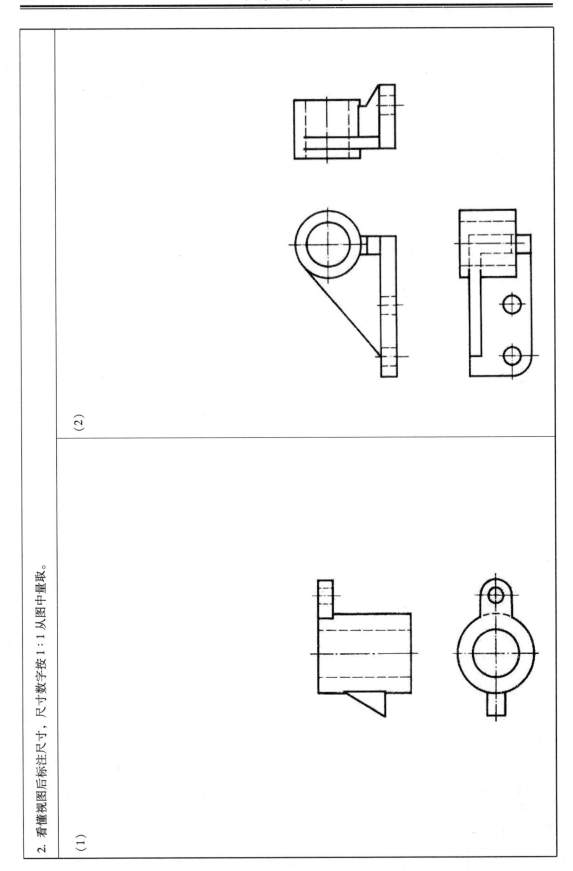

3.4　看图训练

1. 补画视图中所缺的图线。

(1)

(2)

(3)

(4)

续1　补画视图中所缺的图线。

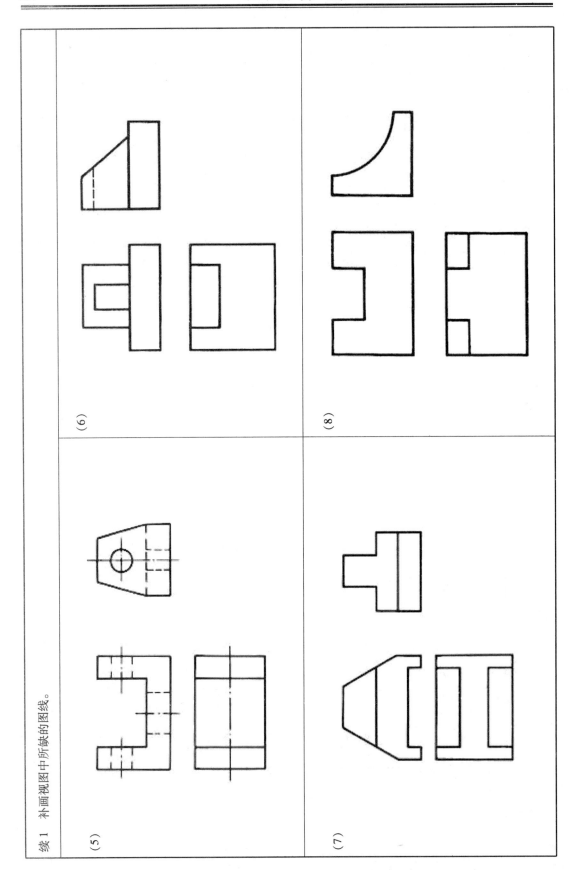

（5）　　　　（6）

（7）　　　　（8）

2. 看懂两视图，补画所缺的视图。

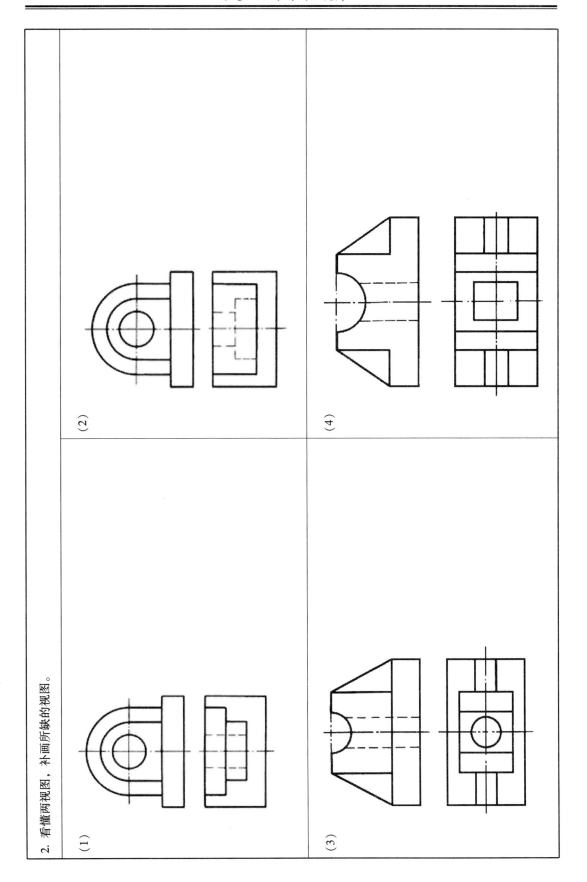

(1)

(2)

(3)

(4)

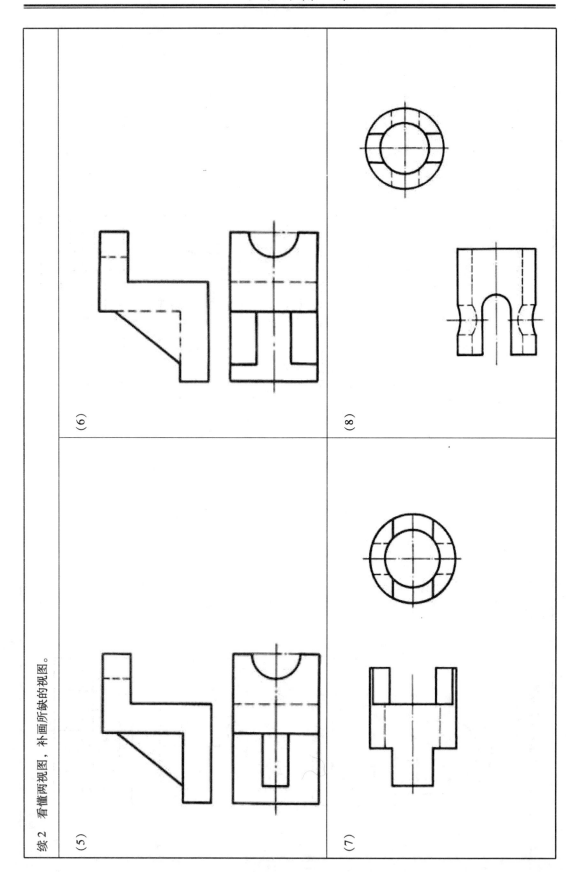

续2　看懂两视图，补画所缺的视图。

（5）

（6）

（7）

（8）

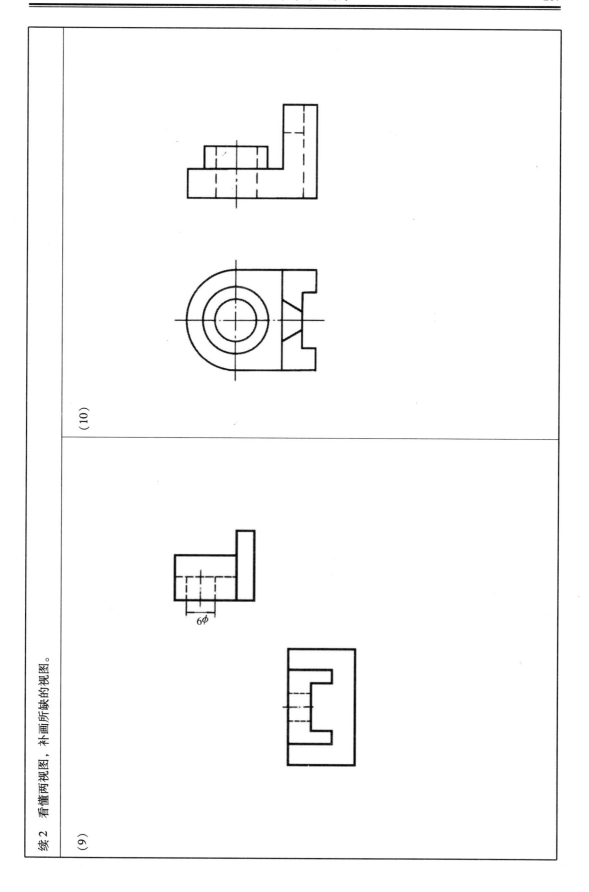

续 2　看懂两视图，补画所缺的视图。

（10）

（9）

6ϕ

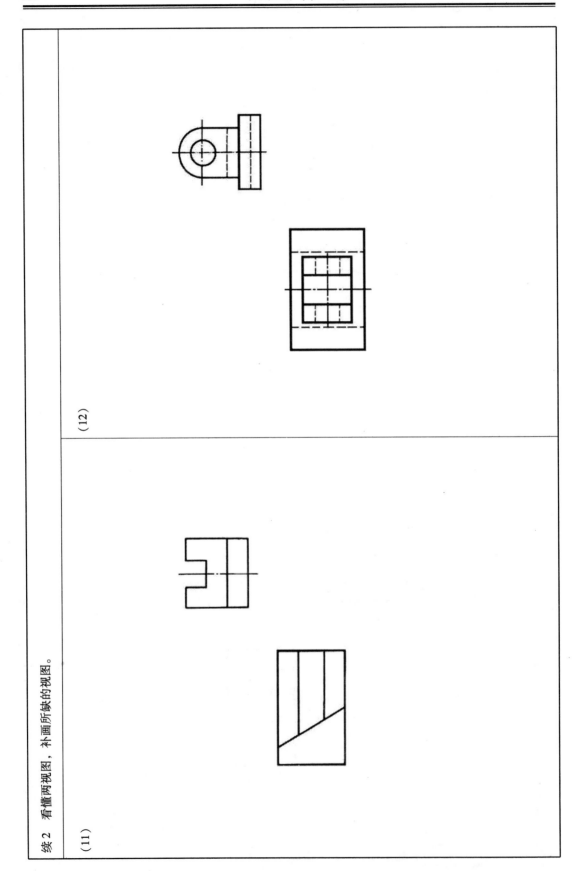

续 2　看懂两视图，补画所缺的视图。

（11）

（12）

习 题 4 机件的表达方法

4.1 基本视图

1. 按正常配置画出仰视图和右视图。

2. 画局部视图和斜视图。

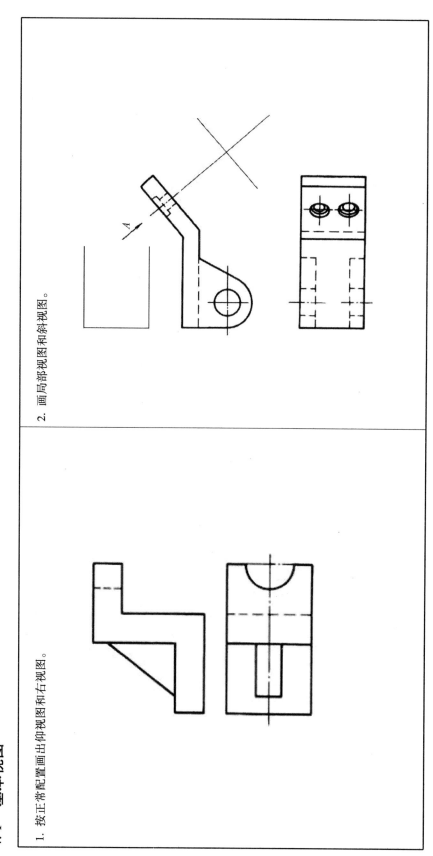

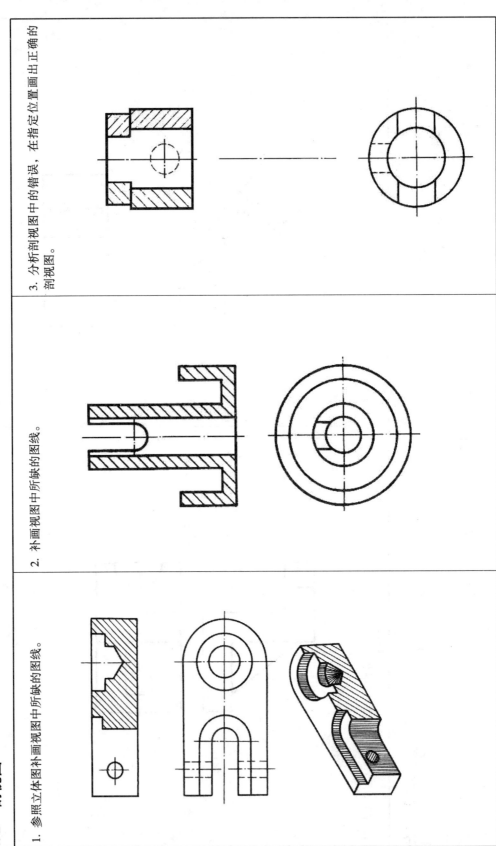

4.2　剖视图

1. 参照立体图补画视图中所缺的图线。

2. 补画视图中所缺的图线。

3. 分析剖视图中的错误，在指定位置画出正确的剖视图。

4. 看懂两视图，在指定位置将主视图画成全剖视图，并进行标注。

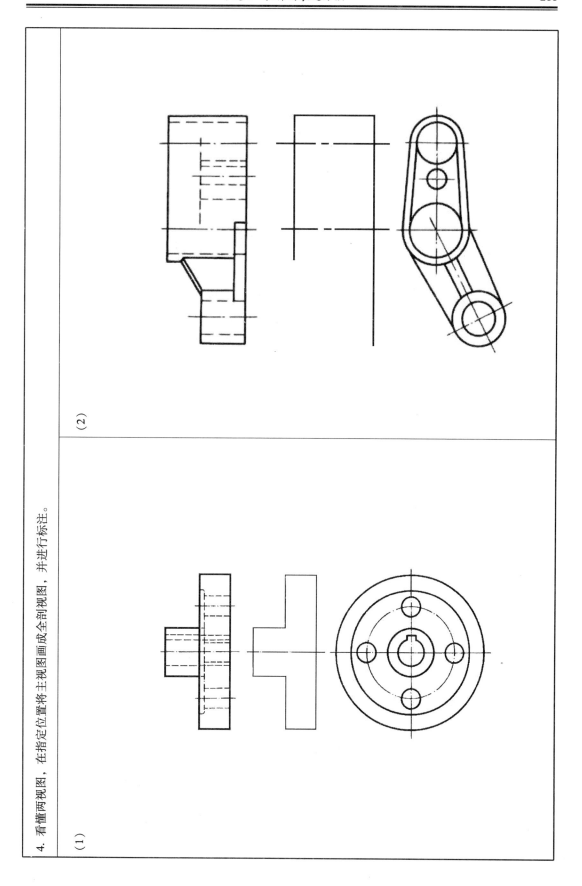

(2)

(1)

5. 看懂两视图，在指定位置画出半剖视图，图（1）为主视图，图（2）为左视图。

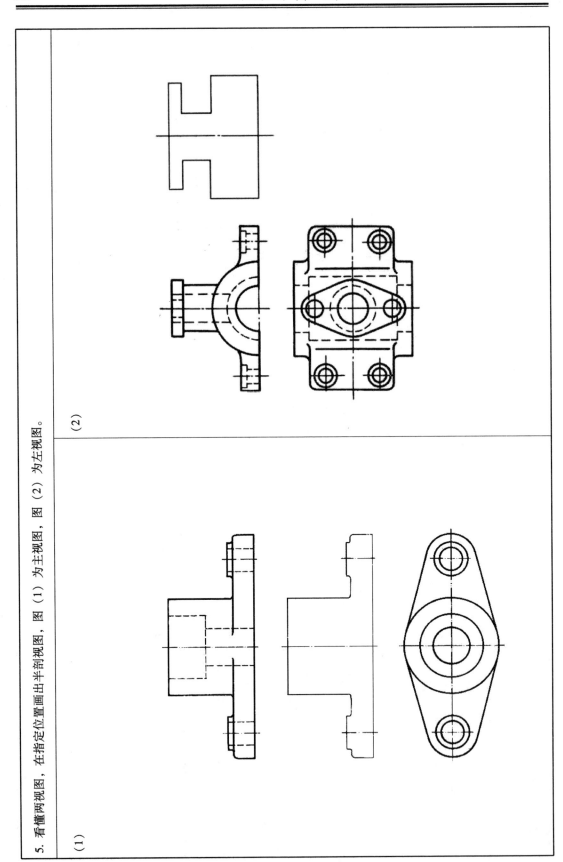

（1）

（2）

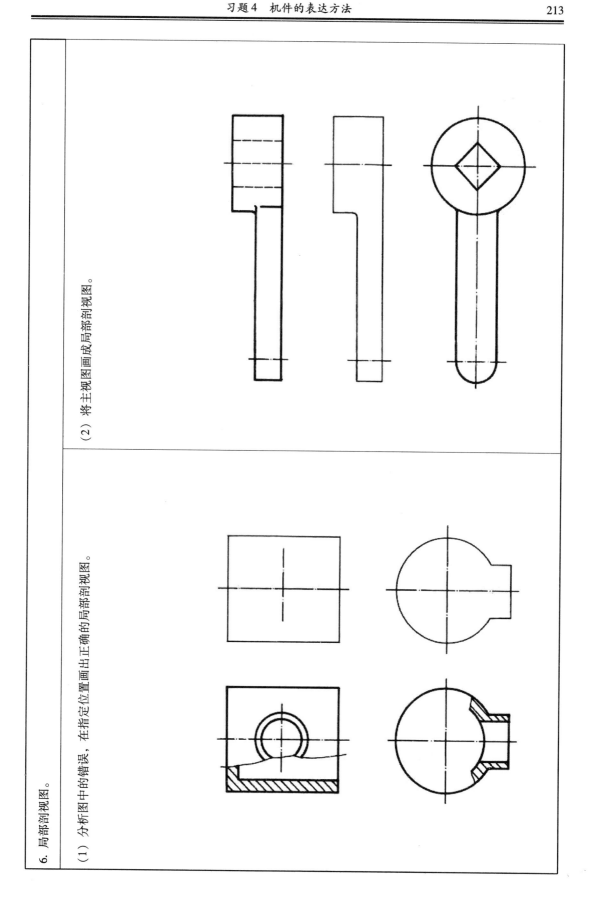

6. 局部剖视图。

(1) 分析图中的错误，在指定位置画出正确的局部剖视图。

(2) 将主视图画成局部剖视图。

4.3　断面图

1. 在视图下方的断面图中选择正确的答案填入空格中。

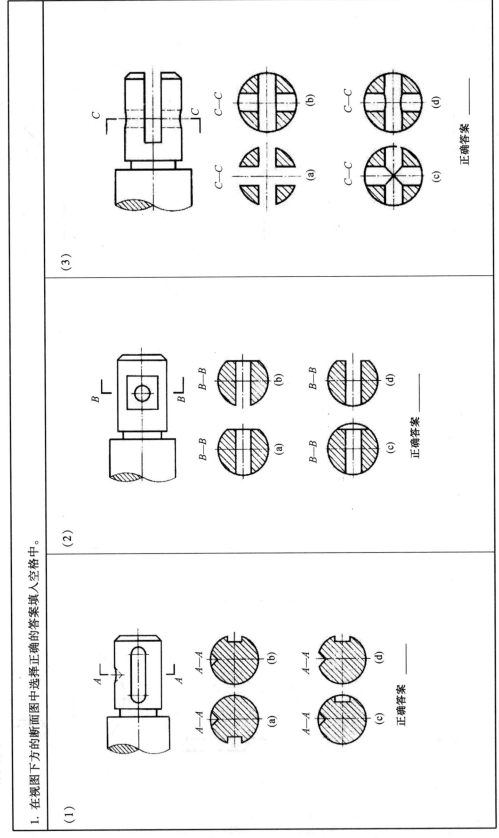

2. 画出断面图。

(1) 看懂两视图，在指定位置画出断面图，并进行标注。

(2) 在指定位置画出断面图（左侧键槽深 4，右侧键槽深 3）。

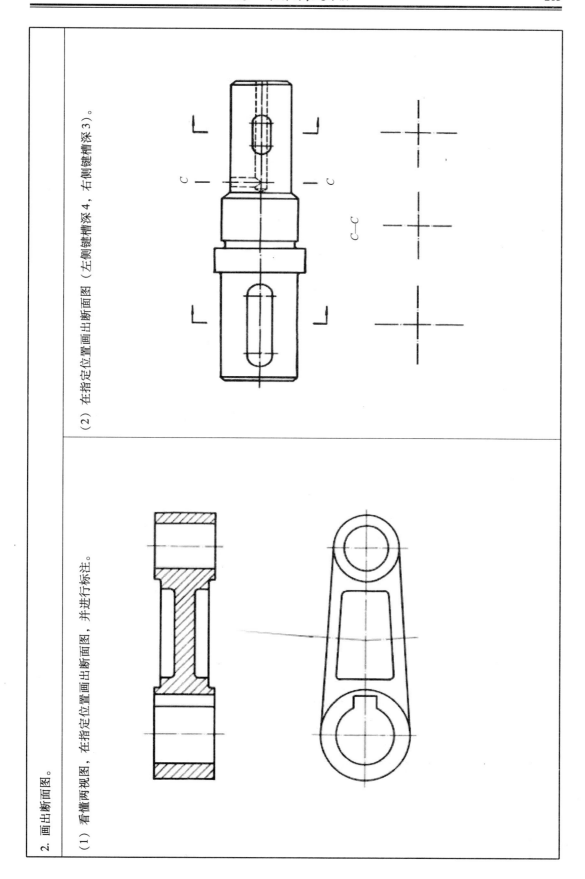

4.4　规定画法

在指定位置画出正确的剖视图。

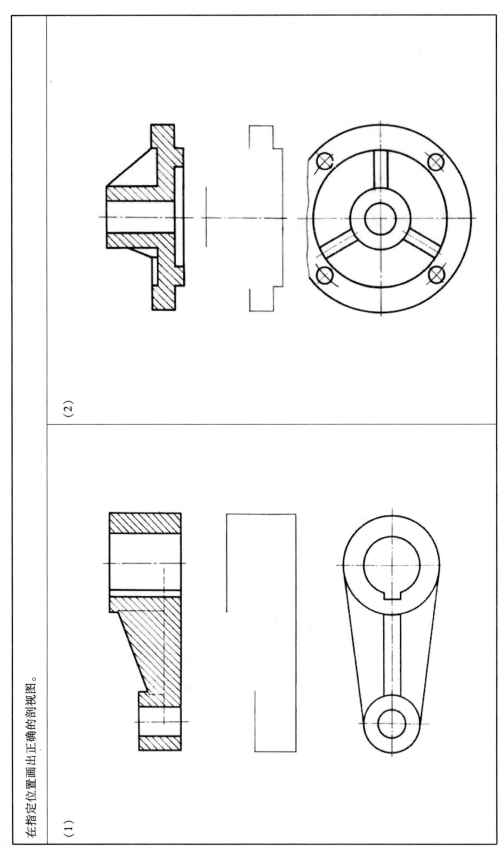

(2)

(1)

4.5　综合练习

1. 根据立体图选择适当的方法表达图示物体，并标注尺寸（用 A3 图纸，比例自定）。

（1）

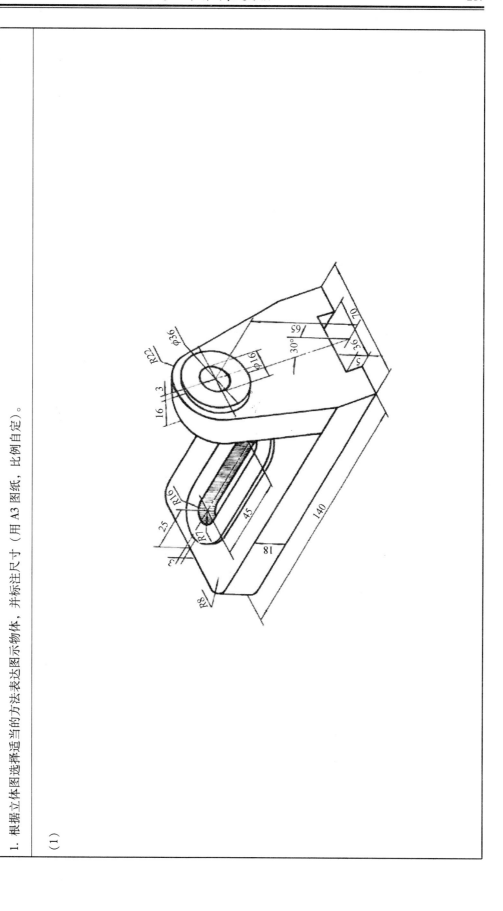

续 1　根据立体图选择适当的方法表达图示物体，并标注尺寸（用 A3 图纸，比例自定）。

（2）

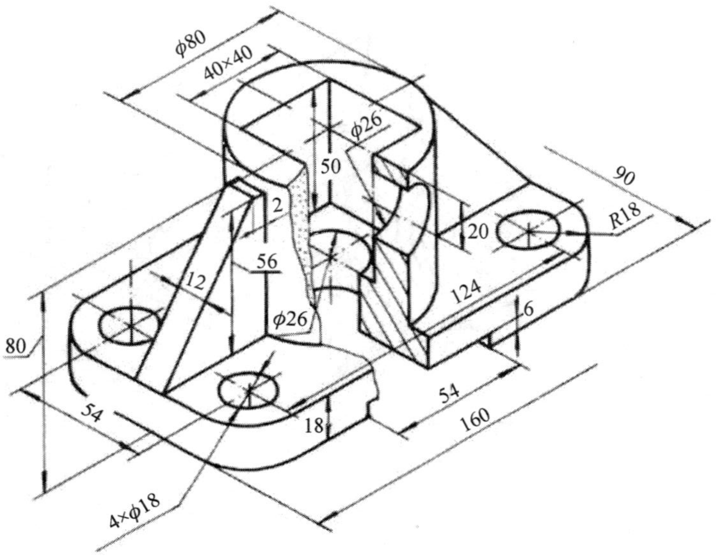

2. 看懂两视图，重新选择合适的表达方案。

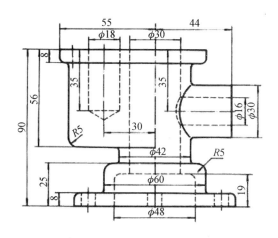

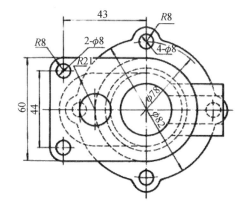

习题 5　常用机件的表示法

5.1　螺纹

1. 根据给出条件在图上标注螺纹的标记。

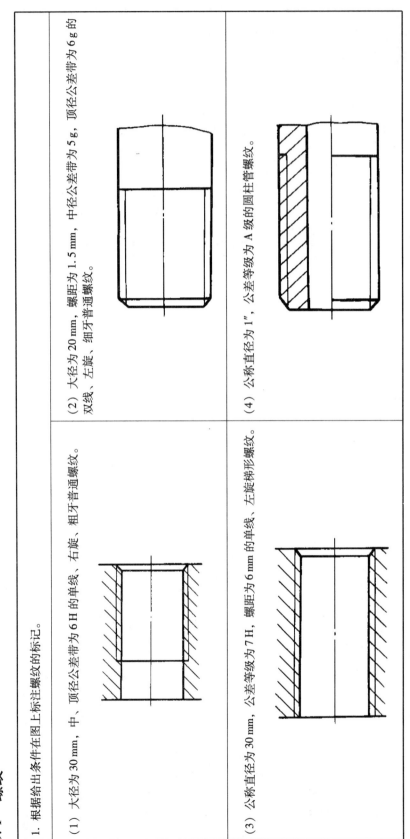

(1) 大径为 30 mm，中、顶径公差带为 6 H 的单线、右旋、粗牙普通螺纹。

(2) 大径为 20 mm，螺距为 1.5 mm，中径公差带为 5 g，顶径公差带为 6 g 的双线、左旋、细牙普通螺纹。

(3) 公称直径为 30 mm，公差等级为 7 H，螺距为 6 mm 的单线、左旋梯形螺纹。

(4) 公称直径为 1″，公差等级为 A 级的圆柱管螺纹。

2. 分析图中的错误，在指定位置画出正确的投影图。

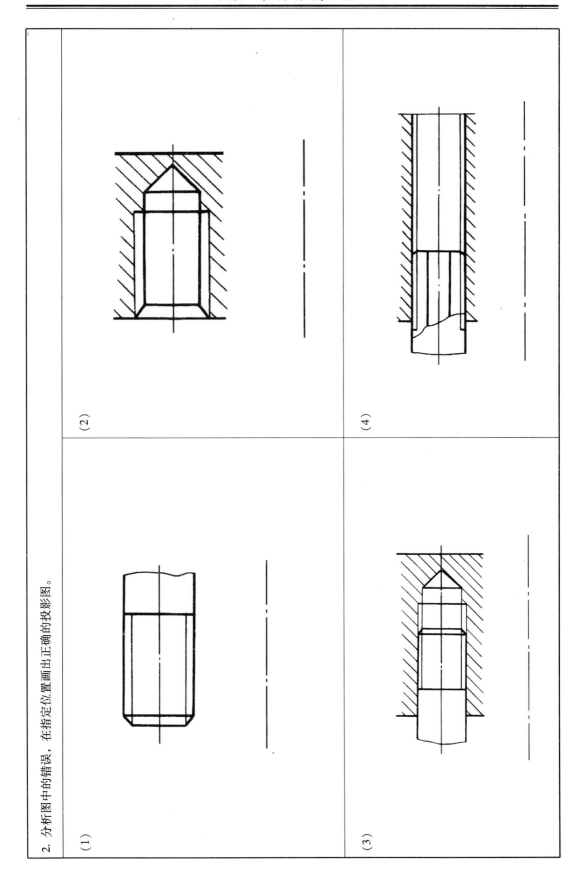

（1）

（2）

（3）

（4）

5.2　螺纹连接件

1. 写出下列各标准件的规定标记，并补画左视图。

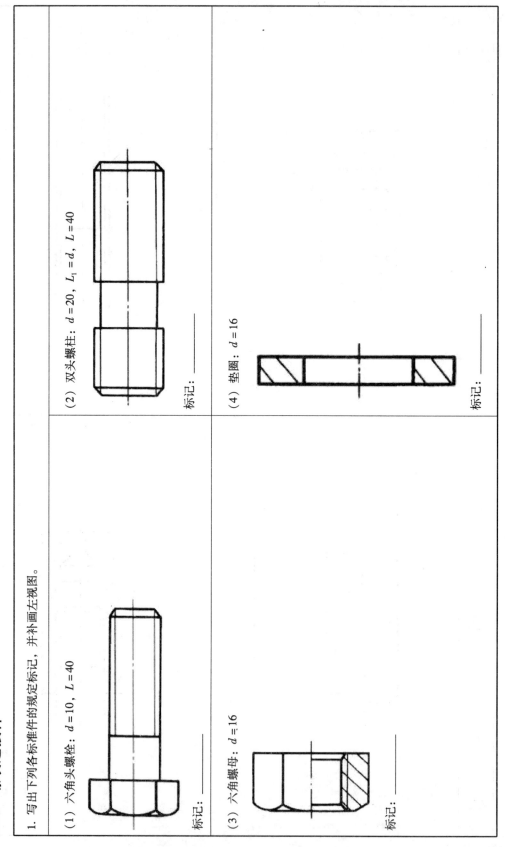

(1) 六角头螺栓：$d=10$，$L=40$

标记：＿＿＿＿＿＿＿＿＿＿

(2) 双头螺柱：$d=20$，$L_1=d$，$L=40$

标记：＿＿＿＿＿＿＿＿＿＿

(3) 六角螺母：$d=16$

标记：＿＿＿＿＿＿＿＿＿＿

(4) 垫圈：$d=16$

标记：＿＿＿＿＿＿＿＿＿＿

2. 分析图中的错误，在指定位置画出正确的投影图。

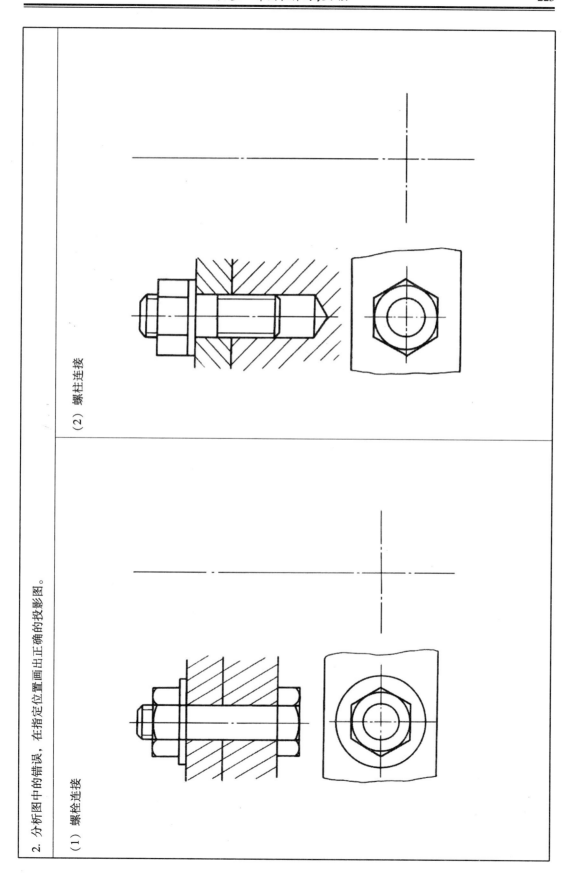

（1）螺栓连接

（2）螺柱连接

5.3　齿轮

1. 已知标准直齿圆柱齿轮，$m = 5$，$z = 40$，计算分度圆、齿顶圆和齿根圆的直径。完成齿轮的两视图并标注尺寸，比例 1 : 2。

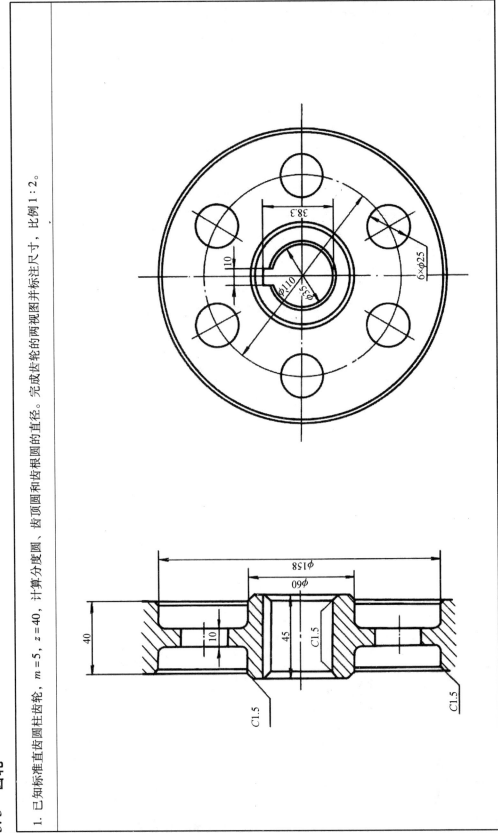

2. 完成标准直齿圆柱齿轮的啮合图，比例 1:2。（$m=4$, $z_1=17$, $z_2=38$）

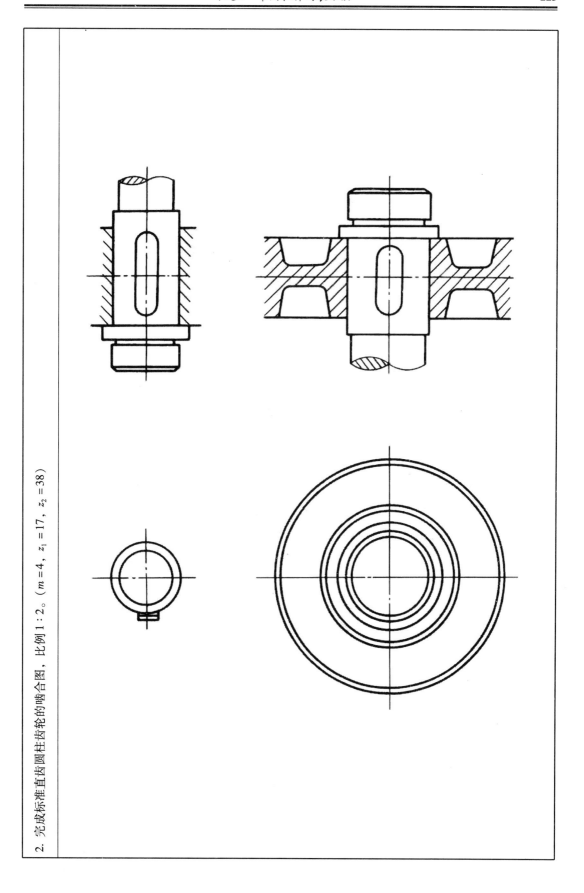

5.4　键与销

1. 用 $L=40$ 的 A 型普通平键连接轴和齿轮，轴孔直径为 40，查表定出键、轴、毂尺寸，完成下列各图，并将轴、毂上键槽的尺寸标注在（1）图和（2）图上。

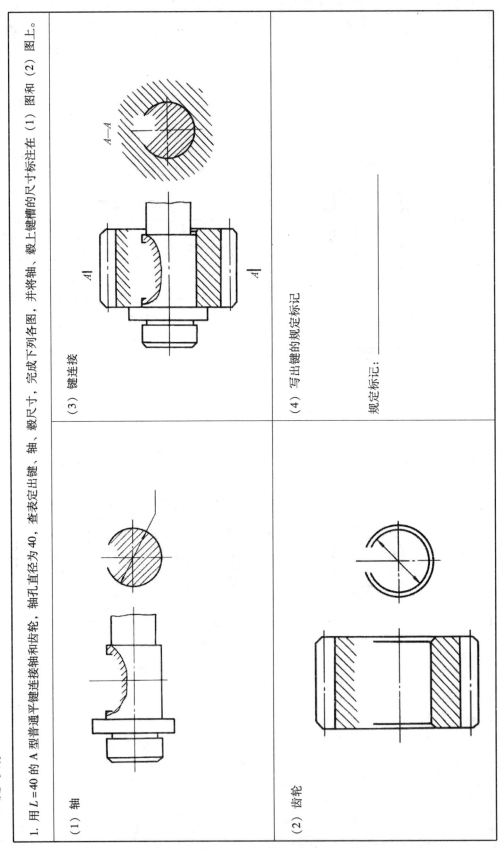

（1）轴

（2）齿轮

（3）键连接

（4）写出键的规定标记

规定标记：＿＿＿＿＿＿＿＿

2. 已知圆柱销的直径为 5 mm，完成销的剖视图，比例 2∶1，并写出销的规定标记。

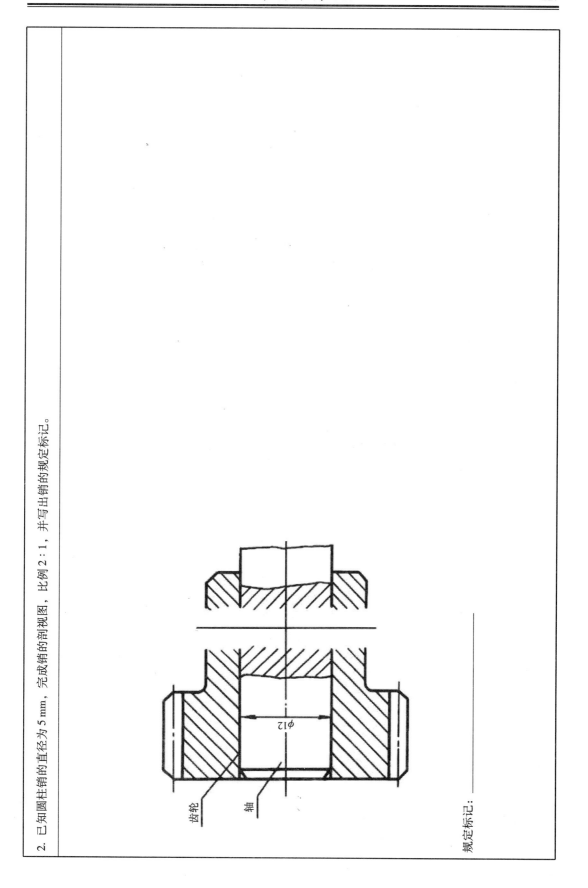

齿轮

轴

$\phi12$

规定标记：_____

5.5　滚动轴承

按规定画法画出滚动轴承，比例 1 : 1。

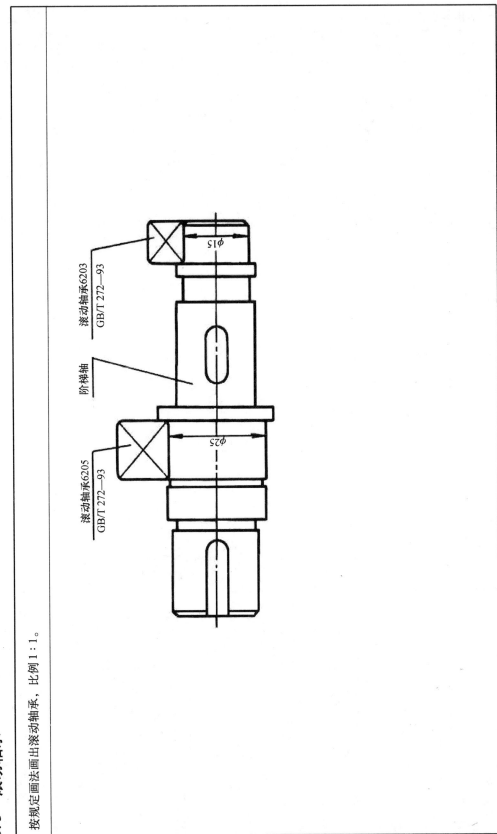

滚动轴承6205
GB/T 272—93

阶梯轴

滚动轴承6203
GB/T 272—93

$\phi 25$

$\phi 15$

习题 6 零件图

6.1 画零件图

1. 用 A3 图纸画出图例零件图，比例自定。

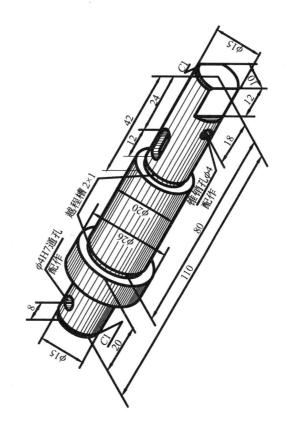

零件名称 轴
材料 45

技术要求
调质 HRC52—55。

续1　用 A3 图纸画出图例零件图，比例自定。

零件名称　端盖
材料　　　HT200

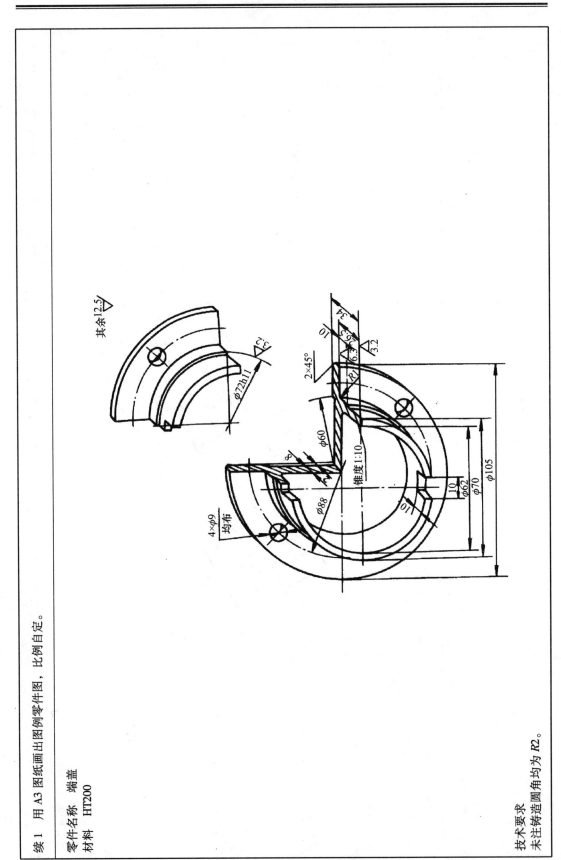

其余 12.5

技术要求
未注铸造圆角均为 R2。

6.2 读零件图

1. 读套筒零件图并回答问题。

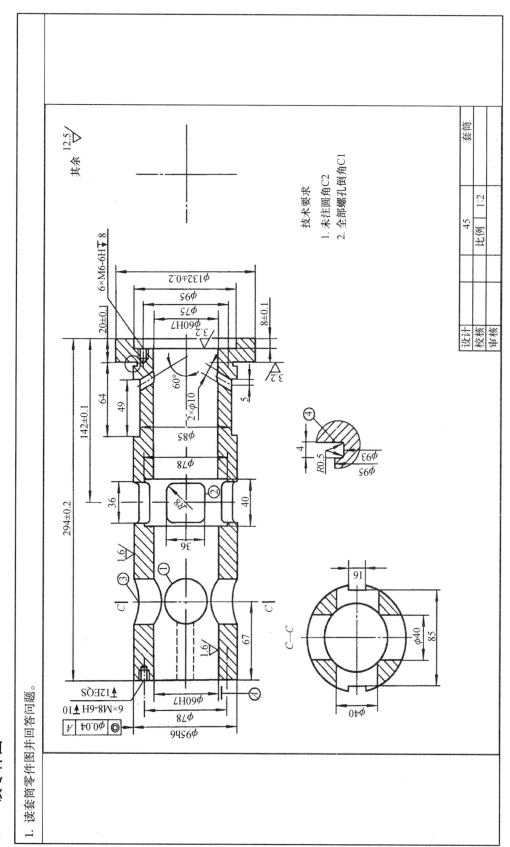

（1）套筒是用什么材料制成的？比例 1：1 的含义是什么？

（2）该零件共用了几个视图来表达？主视图采用的是什么表达方法？C—C 是什么视图？

（3）在图上用指引线分别标出轴向和径向的主要尺寸基准。

（4）解释图中各项形位公差的含义。

（5）图中表面粗糙度 Ra 共有几种不同的要求？Ra 的最大值是多少？最小值是多少？

（6）φ60H7 的含义是什么？

（7）补画左视图（六个螺孔位置自定）。

2. 读卡盘零件图并回答问题。

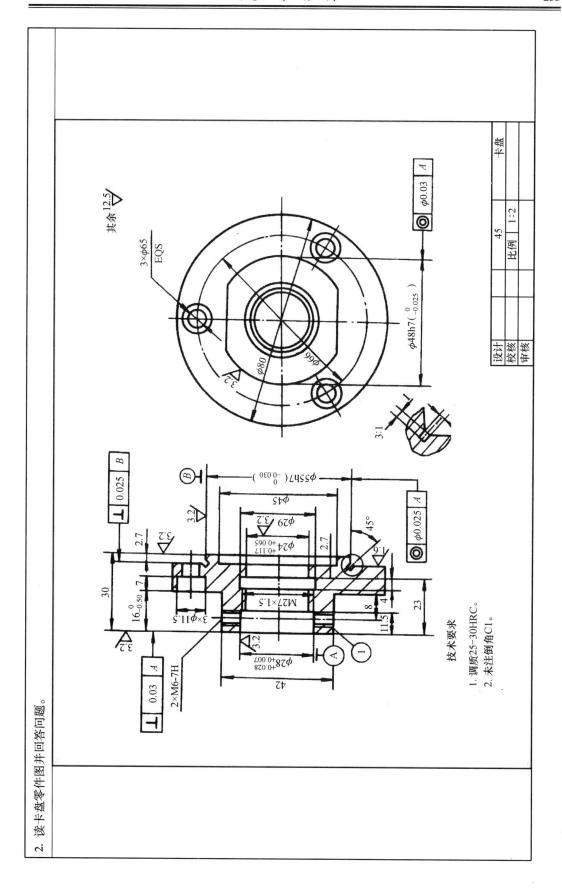

(1) 该零件的名称是_____，材料是_____，比例是_____。

(2) 该零件共用了_____个基本视图，其中主视图采用了_____，目的是表达_____。

(3) 该零件中有一个退刀槽，定形尺寸是_____，定位尺寸是_____。

(4) 主视图中①所指的表面是_____面。

(5) 尺寸 2×M6-7H 的含义是_____。

(6) 尺寸 $\phi 28^{+0.028}_{+0.007}$ 的基本尺寸是_____，上偏差是_____，下偏差是_____，公差是_____。

(7) 该零件轴向的尺寸基准是_____，径向的尺寸基准是_____。

(8) 图中框格 ◎ $\phi 0.03$ A 表示被测要素是_____，基准要素是_____，公差项目是_____，公差值是_____。

(9) 该零件的热处理要求是_____。

3. 读托架零件图并回答问题。

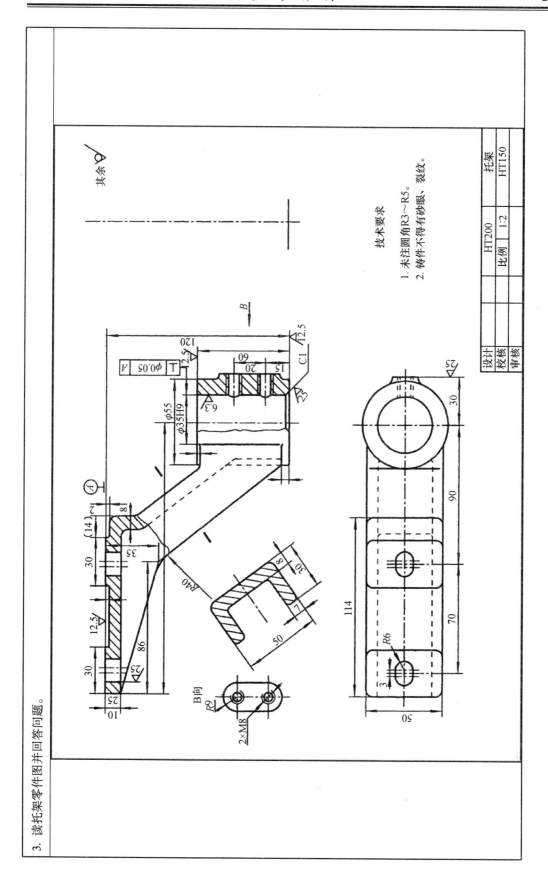

技术要求
1. 未注圆角R3~R5。
2. 铸件不得有砂眼、裂纹。

	HT200		托架
	比例	1:2	HT150
设计			
校核			
审核			

(1) 补画左视图。

(2) 该零件的名称是＿＿＿，材料是＿＿＿，其中 HT 表示＿＿＿，200 表示＿＿＿。

(3) 该零件共用了＿＿＿个图形来表达，名称分别为＿＿＿，＿＿＿，＿＿＿，＿＿＿。

(4) 长、宽、高三个方向的主要尺寸基准是＿＿＿。

(5) 两螺孔 2×M8 的定形尺寸是＿＿＿，定位尺寸是＿＿＿，中心距是＿＿＿。

(6) 在移出断面图中，该断面的总宽是＿＿＿，总高是＿＿＿。

(7) 该零件上表面粗糙度 Ra 值要求最小的是＿＿＿。

(8) 解释形位公差 $\boxed{\perp \ \phi0.05 \ A}$ 的含义：＿＿＿

4. 读底座零件图并回答问题。

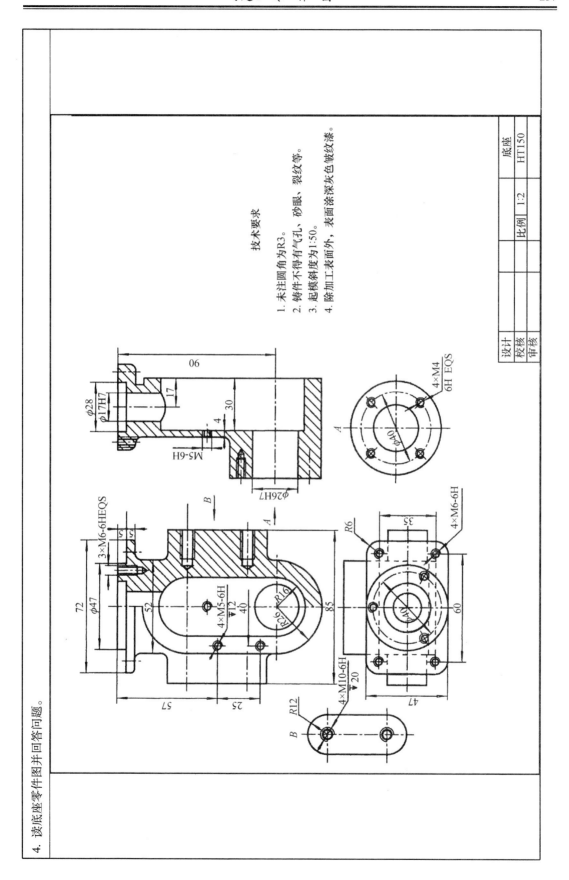

技术要求

1. 未注圆角为R3。
2. 铸件不得有气孔、砂眼、裂纹等。
3. 起模斜度为1:50。
4. 除加工表面外，表面涂深灰色皱纹漆。

设计		比例	1:2	底座
校核				HT150
审核				

（1）补画左视图的外形视图。

（2）补全所缺的三个定位、两个定形尺寸。

（3）标注各表面粗糙度符号 ▽ 或  。

（4）主视图采用的是什么表达方法？

（5）A、B 是什么视图？

（6）该零件的总长、总宽、总高是多少？

（7）解释 4 × M6-6H 的含义，其定位尺寸是多少？

习题 7 装 配 图

7.1 拼画装配图

1. 根据千斤顶的装配图示意图和零件图,用 A3 图纸拼画装配图(比例 1 : 1)。

千斤顶的工作原理:千斤顶是顶起重物的工具。使用时,按顺时针方向转动旋转杆 3,使起重螺杆 2 向上升起,通过顶盖 5 将重物顶起。

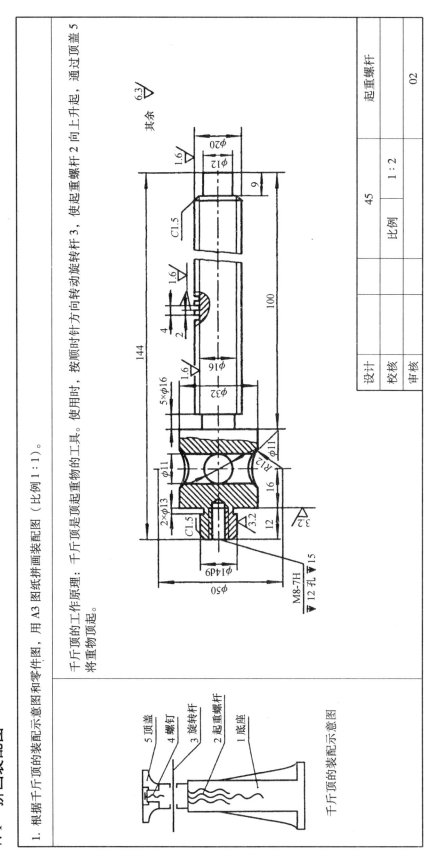

设计			45		起重螺杆
校核			比例	1 : 2	
审核					02

5 顶盖
4 螺钉
3 旋转杆
2 起重螺杆
1 底座

千斤顶的装配示意图

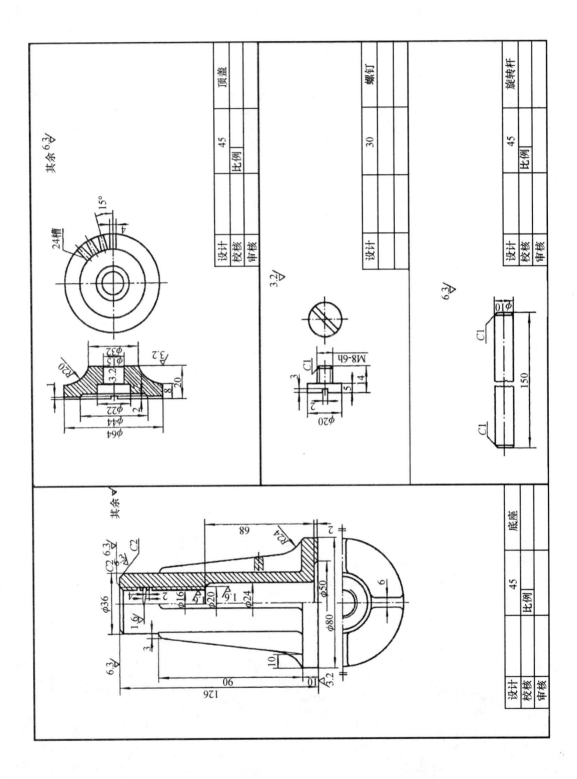

7.2 读装配图

1. 读安全阀的装配图并回答问题。

序号	名 称	数量	材 料	备 注
12	螺母	4	GB6170-M12	
11	螺柱M12×35	1	GB898	
10	阀盖	1	ZL101	
9	螺杆	1	35	
8	螺母	1	GB6172-M16	
7	固定螺钉	1	GB117	
6	托盘	1	H62	
5	阀	1	HT150	
4	垫片	1	H62	
3	阀门	1	60Mn	
2	弹簧	1	HT200	
1	阀体	1		安全阀
序号	名 称	数量	材 料	备 注
设计		重量		
校核		比例		
审核				

（1）试述安全阀的工作原理。

（2）安全压力在安全阀上如何调整？

（3）4 号零件的作用是什么？

（4）俯视图采用的是什么表达方法？

（5）从主、左视图可以看出，3 号零件的下部周围有四个小孔。试述小孔的作用是什么？

2. 读齿轮油泵的装配图并回答问题。

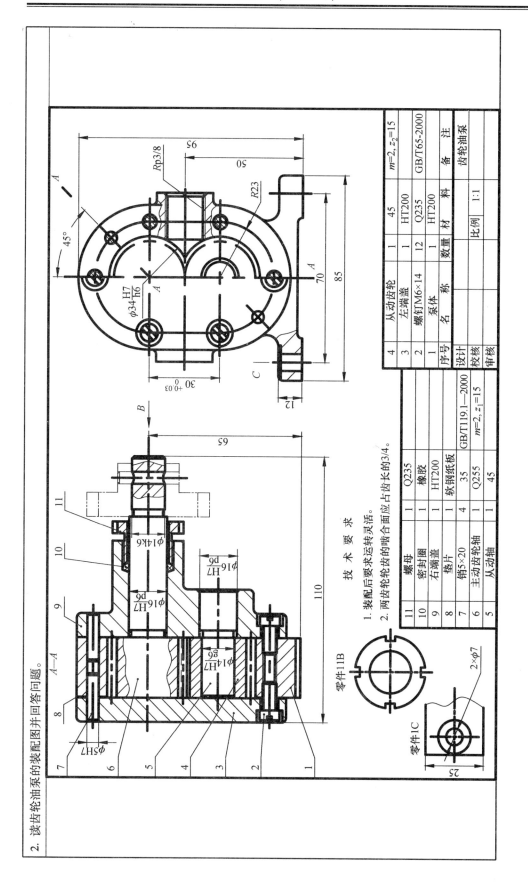

4	从动齿轮	1	45		m=2, z_2=15
3	左端盖	1	HT200		
2	螺钉M6×14	12	Q235		GB/T65-2000
1	泵体	1	HT200		
序号	名 称	数量	材 料		备 注
设计					齿轮油泵
校核			比例	1:1	
审核					

11	螺母	1	Q235	
10	密封圈	1	橡胶	
9	右端盖	1	HT200	
8	垫片	1	软钢纸板	
7	销5×20	4	35	GB/T119.1—2000
6	主动齿轮轴	1	Q255	m=2, z_1=15
5	从动齿轮轴	1	45	

技 术 要 求

1. 装配后要求运转灵活。
2. 两齿轮齿的啮合面应占齿长的3/4。

零件11B

零件1C

(1) 试述齿轮油泵的工作原理。

(2) 试述齿轮油泵的拆装顺序。

(3) 油泵的规格尺寸、安装尺寸、装配尺寸各是多少？

(4) 零件1C采用的是什么表达方法？

(5) $\Phi 16H7/h6$ 属于哪种配合，什么配合制？

(6) 件8、10在油泵中起什么作用？

3. 读减速器的装配图并回答问题。

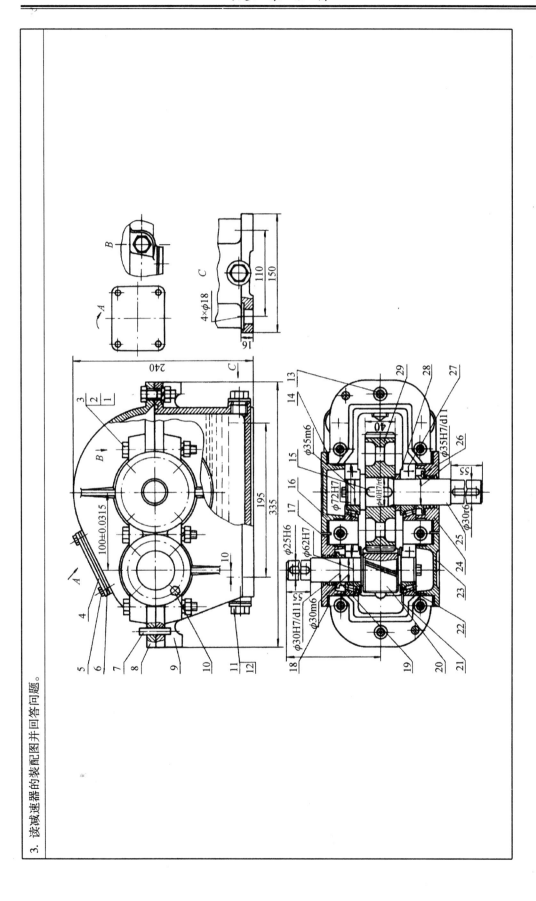

序号	名称	数量	材料	备注
29	齿轮	1	45	$m=1.5$, $z=100$
28	定距环	1	Q235-A·F	
27	滚动轴承	2	30207	GB/T 297
26	甩油杯	1	Q235-A·F	
25	输出轴	1	45	
24	透盖	1	HT 200	
23	闷盖	1	HT 200	
22	滚动轴承	2	30206	GB/T 297
21	挡油环	2	Q235-A·F	
20	齿轮轴	1	38SiMnMb	$m=1.5$, $z=32$
19	甩油杯	1	Q235-A·F	
18	调整垫片	2	08F	
17	透盖	1	HT200	
16	闷盖	1	HT200	
15	键 12×8	1	35	GB/T 1096
14	调整垫片	2	08F	
13	螺栓 M10×40	2	Q235-A·F	GB/T 5782
12	垫圈	2	石棉橡胶纸	
11	螺塞	2	A3F	
10	螺栓 M8×20	16	Q235-A·F	GB/T 5782
9	箱体	1	HT200	
8	箱盖	1	HT200	
7	销 A8×35	2	35	GB/T 117
6	垫片	1	石棉垫片	90×70×2
5	螺栓 M6×16	4	Q235-A·F	GB/T 5782
4	视孔盖	1	Q235-A·F	
3	螺母 M10	8	35	GB/T 6170
2	垫圈	8	35	GB/T 93
1	螺栓 M10×90	6	Q235-A·F	GB/T 6170
序号	名称	数量	材料	备注

设计				
校核	第 张 共 张		比例	1：1
审核				减速器

技术要求

1. 啮合的最小侧隙为 0.11。
2. 减速器应运转平稳，响声均匀。
3. 各连接部分不应有漏油现象。
4. 负载测试时，油温不得超过环境温度 35℃。轴承温度不得超过环境温度 40℃。

续前页

（1）试述减速器的工作原理。

（2）减速器是怎样密封和润滑的？

（3）4 号和 7 号零件各有什么作用？

（4）从向视图和主视图可以看出，底面有一长槽。请问其作用是什么？

（5）1、2、3 号零件组是否可以调一方向画？